하루 한 장으로
규칙적인 수학 습관을 기르자!

한 장 수학

중학 **수학** 1(하)

| 기획 및 개발 |

최다인 윤미선

| 집필 및 검토 |

김민정(관악고) 배수경(경기도교육청)

| 검토 |

정란(옥정중) 황정하(성산중)

교재 정답지, 정오표 서비스 및 내용 문의   EBS 중학사이트 교재학습자료 교재 메뉴

하루 한 장으로
규칙적인 수학 습관을 기르자!

한장 수학

중학 **수학** 1(하)

▶ **한 장 공부 표**

학습할 개념의 흐름을 파악한 후 한 장 공부 표를 활용하여 학습량을 계획하고 공부한 날짜를 기록해 보아요.

개념 학습하기

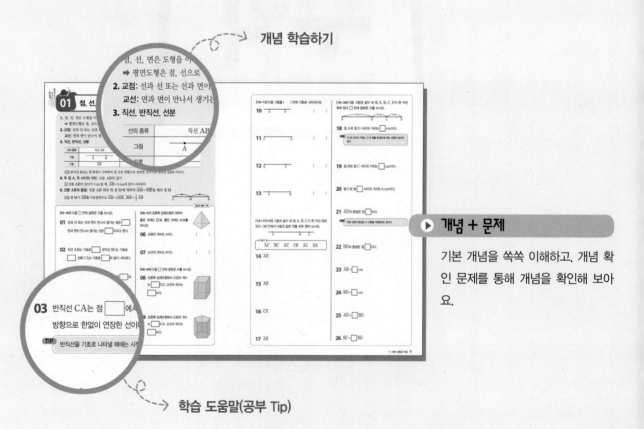

▶ **개념 + 문제**

기본 개념을 쏙쏙 이해하고, 개념 확인 문제를 통해 개념을 확인해 보아요.

학습 도움말(공부 Tip)

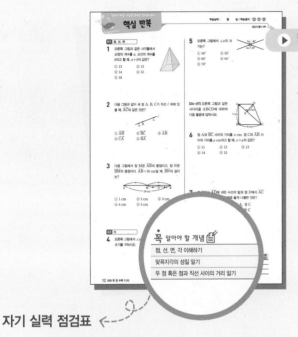

자기 실력 점검표

▶ 핵심 반복

앞에서 배운 개념의 대표적인 문제를 익히고
꼭 알아야 할 개념을 체크할 수 있어요.

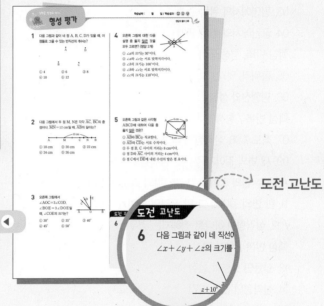

도전 고난도

형성 평가 ◀

개념을 통합한 문제로 구성되었고, 고난도 문제도
도전할 수 있도록 마지막에 고난도 한 문제를 담
았어요.

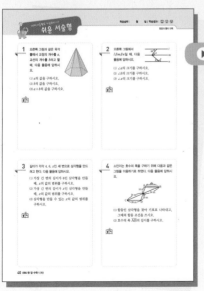

▶ 쉬운 서술형

대단원마다 쉬운 서술형
문제로 서술형을 연습할
수 있어요.

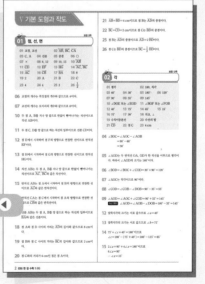

정답과 풀이 ◀

혼자서도 풀이를 보고
이해할 수 있어요.

이 책의 **차례**

Contents

V 기본 도형과 작도

	페이지
01. 점, 선, 면	8
02. 각	10
핵심 반복 / 형성 평가	12
03. 평면에서의 위치 관계	14
04. 공간에서의 위치 관계	16
핵심 반복, 형성 평가	18
05. 동위각, 엇각	20
06. 평행선의 성질	22
핵심 반복 / 형성 평가	24
07. 작도 / 08. 삼각형의 각과 변	26
09. 세 변의 길이가 주어진 삼각형의 작도 / 10. 두 변의 길이와 그 끼인각의 크기가 주어진 삼각형의 작도	28
11. 한 변의 길이와 그 양 끝각의 크기가 주어진 삼각형의 작도 / 12. 삼각형이 하나로 정해지는 경우	30
핵심 반복 / 형성 평가	32
13. 합동인 도형의 성질	34
14. 삼각형의 합동 조건	36
핵심 반복 / 형성 평가	38
쉬운 서술형	40

VI 평면도형의 성질

	페이지
01. 다각형의 대각선의 개수	42
02. 다각형의 내각과 외각	44
핵심 반복 / 형성 평가	46
03. 다각형의 내각의 크기의 합	48
04. 다각형의 외각의 크기의 합	50
핵심 반복, 형성 평가	52
05. 원과 부채꼴 / 06. 부채꼴의 성질	54
07. 부채꼴의 호의 길이 / 08. 부채꼴의 넓이	56
핵심 반복 / 형성 평가	58
쉬운 서술형	60

VII 입체도형의 성질

	페이지
01. 다면체	62
02. 정다면체	64
03. 회전체	66
04. 회전체의 성질	68
핵심 반복 / 형성 평가	70
05. 기둥의 겉넓이	72
06. 기둥의 부피	74
핵심 반복 / 형성 평가	76
07. 뿔의 겉넓이	78
08. 뿔의 부피	80
핵심 반복 / 형성 평가	82
09. 구의 겉넓이와 부피	84
핵심 반복 / 형성 평가	86
쉬운 서술형	88

VIII 자료의 정리와 해석

	페이지
01. 줄기와 잎 그림	90
02. 도수분포표	92
핵심 반복 / 형성 평가	94
03. 히스토그램	96
04. 도수분포다각형	98
핵심 반복 / 형성 평가	100
05. 상대도수	102
06. 두 자료의 비교	104
핵심 반복 / 형성 평가	106
쉬운 서술형	108

Application

 하루 한 장! 수학은 규칙적으로 꾸준히 공부하자.

한 장 공부 표를 이용하여 매일 한 장씩 공부 계획을 세우고, 공부한 날짜 및 학습결과를 체크하면서 공부하는 습관을 들여요. 문제의 난이도는 낮추고 학습할 분량을 줄여서 부담 없이 공부할 수 있도록 구성하였기 때문에 어려움 없이 학습할 수 있습니다. 수학은 매일매일 꾸준히 공부하는 습관이 가장 중요한 거 아시죠? **한 장 수학**을 통해 수학 공부 습관을 길러 보세요.

 단기간에 빠르게 끝내고 싶다면 하루 두 장! 또는 하루 세 장!

개념과 문제가 한 장씩 끊어지도록 구성되어 있는 교재입니다. 단기간에 책 한 권을 끝내고 싶다면 쉬운 난이도의 교재이기 때문에 하루 두 장, 또는 하루 세 장 분량의 학습량을 정하여 공부하는 것도 좋은 방법입니다. 처음부터 두 장 이상의 학습량이 부담스럽다면 처음에는 한 장씩 학습하여 매일 공부 습관을 기르고 점차 학습량을 늘리는 것도 방법이지요.

 학습 결과를 분석하여 부족한 개념은 다시 복습한다.

핵심 반복, 형성 평가의 문제를 풀고 틀린 문제의 개념은 다시 복습해야 합니다. 수학은 틀린 문제의 개념이 무엇인지 파악하고 다시 복습하여 그 개념을 확실히 이해해야 다음에 비슷한 문제가 나와도 틀리지 않기 때문에 복습이 무엇보다 중요한 것 잊지 마세요.

V 기본 도형과 작도

한 장 공부 표

학습 내용		계획하기	학습하기	확인하기	분석하기	추가 학습하기
		공부할 날짜를 계획해 봐요.	공부한 날짜를 기록해 봐요.	학습 결과를 체크해 봐요.	학습 과정, 학습 결과에 대한 원인을 생각해 볼까요?	학습 결과가 만족스럽지 못하다면 추가 학습을 해 봐요.
01장	01. 점, 선, 면	월 일	월 일	☺ 😐 😣 잘함 보통 노력		월 일
02장	02. 각	월 일	월 일	☺ 😐 😣		월 일
03장	핵심 반복 / 형성 평가	월 일	월 일	☺ 😐 😣		월 일
04장	03. 평면에서의 위치 관계	월 일	월 일	☺ 😐 😣		월 일
05장	04. 공간에서의 위치 관계	월 일	월 일	☺ 😐 😣		월 일
06장	핵심 반복 / 형성 평가	월 일	월 일	☺ 😐 😣		월 일
07장	05. 동위각, 엇각	월 일	월 일	☺ 😐 😣		월 일
08장	06. 평행선의 성질	월 일	월 일	☺ 😐 😣		월 일
09장	핵심 반복 / 형성 평가	월 일	월 일	☺ 😐 😣		월 일
10장	07. 작도 08. 삼각형의 각과 변	월 일	월 일	☺ 😐 😣		월 일
11장	09. 세 변의 길이가 주어진 삼각형의 작도 10. 두 변의 길이와 그 끼인각의 크기가 주어진 삼각형의 작도	월 일	월 일	☺ 😐 😣		월 일
12장	11. 한 변의 길이와 그 양 끝각의 크기가 주어진 삼각형의 작도 12. 삼각형이 하나로 정해지는 경우	월 일	월 일	☺ 😐 😣		월 일
13장	핵심 반복 / 형성 평가	월 일	월 일	☺ 😐 😣		월 일
14장	13. 합동인 도형의 성질	월 일	월 일	☺ 😐 😣		월 일
15장	14. 삼각형의 합동 조건	월 일	월 일	☺ 😐 😣		월 일
16장	핵심 반복 / 형성 평가 / 쉬운 서술형	월 일	월 일	☺ 😐 😣		월 일

16장으로 기본 도형과 작도 학습 끝!!

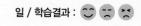

1. 점, 선, 면은 도형을 이루는 기본 요소이다.

➡ 평면도형은 점, 선으로 이루어져 있고, 입체도형은 점, 선, 면으로 이루어져 있다.

2. 교점: 선과 선 또는 선과 면이 만나서 생기는 점

교선: 면과 면이 만나서 생기는 선

3. 직선, 반직선, 선분

→ 두 점 A, B를 잇는 선 중 길이가 가장 짧은 선

선의 종류	직선 AB	반직선 AB	선분 AB
그림	A B	A B	A B
기호	$\overleftrightarrow{AB}$	$\overrightarrow{AB}$	$\overline{AB}$

참고 반직선 BA는 점 B에서 시작하여 점 A의 방향으로 연장한 선이므로 반직선 AB와 다르다.

4. 두 점 A, B 사이의 거리: 선분 AB의 길이

예 선분 AB의 길이가 3 cm일 때, $\overline{AB}=3$ cm와 같이 나타낸다.

5. 선분 AB의 중점: 선분 AB 위의 한 점 M에 대하여 $\overline{AM}=\overline{MB}$일 때의 점 M

참고 점 M이 $\overline{AB}$를 이등분하므로 $\overline{AB}=2\overline{AM}$, $\overline{AM}=\frac{1}{2}\overline{AB}$

A   M   B

정답과 풀이 2쪽

[01~05] 다음 ☐ 안에 알맞은 것을 쓰시오.

01 선과 선 또는 선과 면이 만나서 생기는 점은 ☐,

면과 면이 만나서 생기는 선은 ☐이라고 한다.

02 직선 AB는 기호로 ☐, 반직선 BC는 기호로

☐, 선분 CA는 기호로 ☐와 같이 나타낸다.

TIP 반직선을 기호로 나타낼 때에는 시작점을 먼저 쓴다.

03 반직선 CA는 점 ☐에서 시작하여 점 ☐의 방향으로 한없이 연장한 선이다.

04 두 점 P, Q 사이의 거리는 ☐ PQ의 길이와 같다.

05 선분 AB 위의 한 점 M에 대하여 $\overline{AM}=\overline{MB}$일 때, 점 M은 선분 AB의 ☐이라고 한다.

[06~07] 오른쪽 입체도형에 대하여 옳은 것에는 ○표, 틀린 것에는 ✕표를 하시오.

06 교점의 개수는 4이다. ( )

07 교선의 개수는 8이다. ( )

[08~09] 다음 ☐ 안에 알맞은 수를 쓰시오.

08 오른쪽 입체도형에서 교점의 개수는 ☐이고, 교선의 개수는 ☐이다.

09 오른쪽 입체도형에서 교점의 개수는 ☐이고, 교선의 개수는 ☐이다.

[10~13] 다음 그림을 ( ) 안에 기호로 나타내시오.

10 ●————————●
　　　A　　　　B
( )

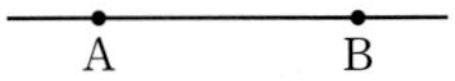

11 ●————————————————●
　　C　　　　　　　　　　D
( )

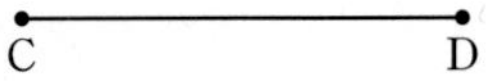

12 ●————————————●————
　　E　　　　　　F
( )

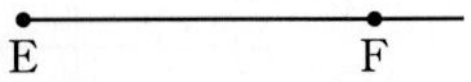

13 ————●————————————●
　　　　G　　　　　　　H
( )

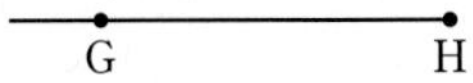

[14~17] 아래 그림과 같이 세 점 A, B, C가 한 직선 위에 있다. 〈보기〉에서 다음과 같은 것을 모두 찾아 쓰시오.

————●————————————●————●————
　　　A　　　　　　　　B　　C

┤ 보기 ├─────────────────────
$\overleftrightarrow{AC}$　$\overleftarrow{BC}$　$\overrightarrow{AC}$　$\overrightarrow{CB}$　$\overline{AC}$　$\overline{BA}$

14 $\overrightarrow{AB}$

15 $\overline{AB}$

16 $\overrightarrow{CA}$

17 $\overleftrightarrow{AB}$

[18~26] 다음 그림과 같이 네 점 A, B, C, D가 한 직선 위에 있다. □ 안에 알맞은 것을 쓰시오.

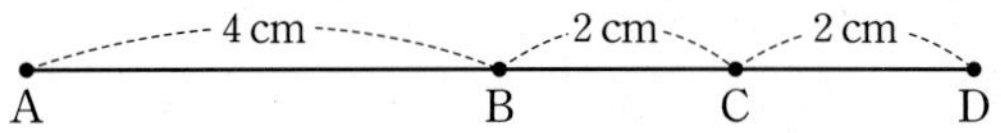

●···· 4 cm ····●··· 2 cm ···●··· 2 cm ···●
A　　　　　　　B　　　　C　　　　D

18 점 A와 점 D 사이의 거리는 □ cm이다.

> **TIP** 두 점 사이의 거리는 그 두 점을 양 끝으로 하는 선분의 길이와 같다.

19 점 B와 점 C 사이의 거리는 □ cm이다.

20 점 C와 점 □ 사이의 거리는 6 cm이다.

21 $\overline{AD}$의 중점은 점 □ 이다.

> **TIP** 어떤 선분의 중점은 그 선분을 이등분하는 점이다.

22 $\overline{BD}$의 중점은 점 □ 이다.

23 $\overline{AB}=$ □ cm

24 $\overline{BD}=$ □ cm

25 $\overline{AD}=$ □ $\overline{BD}$

26 $\overline{BC}=$ □ $\overline{BD}$

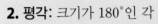

02 각

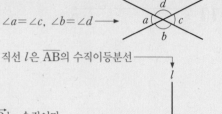

1. 각: 두 반직선으로 이루어진 도형

    각 AOB ➡ 기호: ∠AOB ⟶ ∠BOA, ∠O, ∠a로 나타낼 수도 있다.

    예 각 AOB의 크기가 60°일 때, ∠AOB=60°와 같이 나타낸다.

2. 평각: 크기가 180°인 각

    참고 예각＜직각＜둔각＜평각

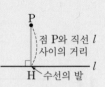

∠a=∠c, ∠b=∠d ⟶

3. 맞꼭지각: 두 직선의 교각 중에서 서로 마주 보는 두 각 ← 두 직선이 만날 때 생기는 각

4. 맞꼭지각의 크기는 서로 같다.

직선 l은 $\overline{AB}$의 수직이등분선 ⟶

5. 직교: 두 직선의 교각이 직각일 때의 두 직선의 관계

    두 직선 AB와 CD가 직교한다. ➡ 기호: $\overleftrightarrow{AB} \perp \overleftrightarrow{CD}$ ⟶ $\overleftrightarrow{AB}$와 $\overleftrightarrow{CD}$는 수직이다.
$\overleftrightarrow{AB}$는 $\overleftrightarrow{CD}$의 수선이다.

6. 수직이등분선: 선분의 중점을 지나고 그 선분에 수직인 직선

7. 수선의 발: 직선 위에 있지 않은 한 점에서 직선에 그은 수선과 직선과의 교점

점 P와 직선 l 사이의 거리

8. 점과 직선 사이의 거리: 직선 위에 있지 않은 한 점에서 직선에 내린 수선의 발까지의 거리

H 수선의 발

정답과 풀이 2쪽

[01~02] 다음 □ 안에 알맞은 것을 쓰시오.

01 오른쪽 그림과 같이 ∠AOB의 두 변 OA, OB가 점 O를 중심으로 반대쪽에 있고 한직선을 이룰 때, ∠AOB를 [ ]이라고 한다.

02 평각의 크기는 [ ]°이고 평각의 크기의 $\frac{1}{2}$인 각을 [ ]이라고 한다.

[03~06] 오른쪽 그림에서 다음 각의 크기를 구하시오.

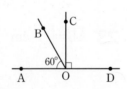

03 ∠AOB

04 ∠BOC

05 ∠AOD

06 ∠BOD

[07~09] 오른쪽 그림에서 다음 각의 크기를 구하시오.

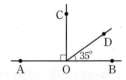

07 ∠AOC

08 ∠COD

09 ∠AOD

[10~11] 오른쪽 그림에서 다음 각을 기호로 나타내시오.

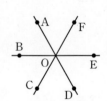

10 ∠AOB의 맞꼭지각

11 ∠COE의 맞꼭지각

[12~14] 오른쪽 그림에서 다음
각의 크기를 구하시오.

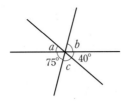

12 ∠a

TIP 맞꼭지각의 크기는 항상 같다.

13 ∠b

14 ∠c

[15~17] 다음 그림에서 ∠x의 크기를 구하시오.

15

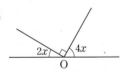

16

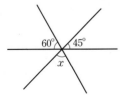

17

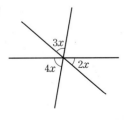

[18~20] 오른쪽 그림에 대하여 다음 □ 안에 알맞은 것을 쓰시오.

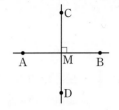

18 $\overleftrightarrow{AB}$와 $\overleftrightarrow{CD}$의 교각이 직각일 때, 두 직선은 서로

□ 한다고 하고, 기호로 $\overleftrightarrow{AB}$ □ $\overleftrightarrow{CD}$와 같

이 나타낸다.

19 점 M이 $\overline{AB}$의 중점일 때, $\overleftrightarrow{CD}$를 $\overline{AB}$의

□ 이라고 한다.

20 점 C에서 $\overleftrightarrow{AB}$에 수선을 그어서 생기는 교점 M을

점 C에서 $\overleftrightarrow{AB}$에 내린 □ 이라고

한다.

[21~23] 오른쪽 그림과
같은 사다리꼴 ABCD에
서 다음을 구하시오.

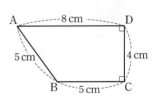

21 $\overline{AD}$와 직교하는 선분

TIP 직교하는 두 선분은 직각을 이룬다.

22 점 B에서 $\overline{CD}$에 내린 수선의 발

23 점 C와 $\overline{AD}$ 사이의 거리

01 점, 선, 면

1 오른쪽 그림과 같은 사각뿔에서 교점의 개수를 a, 교선의 개수를 b라고 할 때, $a+b$의 값은?

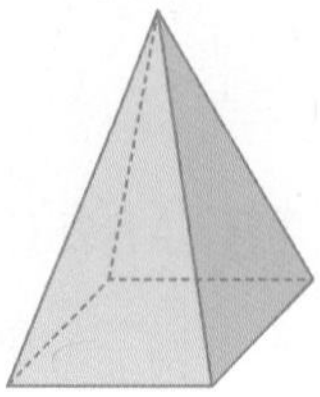

① 12   ② 13
③ 14   ④ 15
⑤ 16

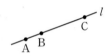

2 다음 그림과 같이 세 점 A, B, C가 직선 l 위에 있을 때, $\overrightarrow{AC}$와 같은 것은?

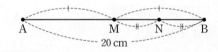

① $\overrightarrow{AB}$ ② $\overrightarrow{BC}$ ③ $\overline{AB}$
④ $\overrightarrow{CA}$ ⑤ $\overrightarrow{BA}$

3 다음 그림에서 점 M은 $\overline{AB}$의 중점이고, 점 N은 $\overline{BM}$의 중점이다. $\overline{AB}=20$ cm일 때, $\overline{BN}$의 길이는?

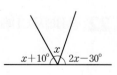

① 1 cm   ② 2 cm   ③ 3 cm
④ 4 cm   ⑤ 5 cm

02 각

4 오른쪽 그림에서 $\angle x$의 크기를 구하시오.

$x+10°$ x $2x-30°$

5 오른쪽 그림에서 $\angle x$의 크기는?

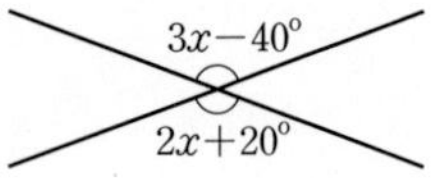

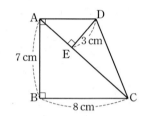

$3x-40°$
$2x+20°$

① 50°   ② 55°
③ 60°   ④ 65°
⑤ 70°

[06~07] 오른쪽 그림과 같은 사다리꼴 ABCD에 대하여 다음 물음에 답하시오.

(그림: 사다리꼴 ABCD, 7 cm, 3 cm, E, 8 cm)

6 점 A와 $\overline{BC}$ 사이의 거리를 x cm, 점 C와 $\overline{AB}$ 사이의 거리를 y cm라고 할 때, $x+y$의 값은?

① 11   ② 12   ③ 13
④ 14   ⑤ 15

7 점 B에서 $\overline{AD}$에 내린 수선의 발과 점 D에서 $\overline{AC}$에 내린 수선의 발을 차례로 옳게 나열한 것은?

① 점 A, 점 B   ② 점 A, 점 C
③ 점 A, 점 E   ④ 점 B, 점 C
⑤ 점 B, 점 E

꼭 알아야 할 개념	1차	2차	시험 직전
점, 선, 면, 각 이해하기			
맞꼭지각의 성질 알기			
두 점 사이의 거리, 점과 직선 사이의 거리 알기			

1 다음 그림과 같이 네 점 A, B, C, D가 있을 때, 이 점들로 그을 수 있는 반직선의 개수는?

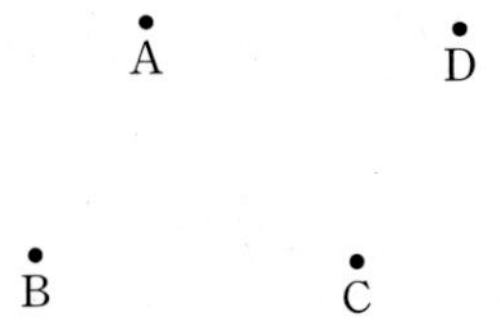

$\dot{A}$ $\dot{D}$

$\dot{B}$ $\dot{C}$

① 4   ② 6   ③ 8
④ 10   ⑤ 12

2 다음 그림에서 두 점 M, N은 각각 $\overline{AC}$, $\overline{BC}$의 중점이다. $\overline{MN}=12\,cm$일 때, $\overline{AB}$의 길이는?

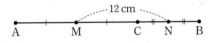

① 18 cm   ② 20 cm   ③ 22 cm
④ 24 cm   ⑤ 26 cm

3 오른쪽 그림에서
∠AOC=3∠COD,
∠BOE=3∠DOE일
때, ∠COE의 크기는?

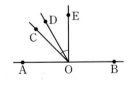

① 30°   ② 35°   ③ 40°
④ 45°   ⑤ 50°

4 오른쪽 그림에 대한 다음 설명 중 옳지 <u>않은</u> 것을 모두 고르면? (정답 2개)

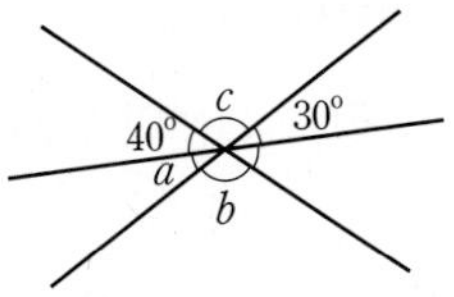

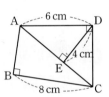

① ∠a의 크기는 30°이다.
② ∠a와 ∠c는 서로 맞꼭지각이다.
③ ∠b의 크기는 100°이다.
④ ∠b와 ∠c는 서로 맞꼭지각이다.
⑤ ∠c의 크기는 110°이다.

5 오른쪽 그림과 같은 사각형 ABCD에 대하여 다음 중 옳지 <u>않은</u> 것은?

① $\overline{AB}$와 $\overline{BC}$는 직교한다.
② $\overline{AD}$와 $\overline{CD}$는 서로 수직이다.
③ 두 점 B, C 사이의 거리는 8 cm이다.
④ 점 D와 $\overline{AC}$ 사이의 거리는 4 cm이다.
⑤ 점 C에서 $\overline{DE}$에 내린 수선의 발은 점 A이다.

난 풀 수 있다. 고난도!!

도전 고난도

6 다음 그림과 같이 네 직선이 한 점에서 만날 때, ∠x+∠y+∠z의 크기를 구하시오.

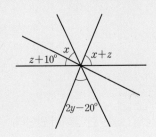

03 평면에서의 위치 관계

1. 점과 직선의 위치 관계

(1) 점이 직선 위에 있다.   (2) 점이 직선 위에 있지 않다.

참고 점이 직선 위에 있다. ➡ 직선이 그 점을 지난다.

점 A는 직선 l 위에 있고, 점 B는 직선 l 위에 있지 않다.

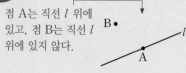

2. 평면에서 두 직선의 위치 관계

(1) 한 점에서 만난다.   (2) 일치한다.

→ 평행한 두 직선은 만나지 않는다.

(3) 평행하다. ($l \ /\!/ \ m$)

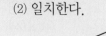

정답과 풀이 4쪽

[01~04] 다음 그림의 두 직선 l, m과 세 점 A, B, C에 대하여 옳은 것에는 ○표, 틀린 것에는 ✕표를 하시오.

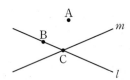

01 점 A는 직선 m 위에 있지 않다.   (   )

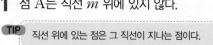
TIP 직선 위에 있는 점은 그 직선이 지나는 점이다.

02 점 B는 직선 m 위에 있다.   (   )

03 점 C는 직선 l 위에 있다.   (   )

04 두 직선 l, m은 한 점에서 만난다.   (   )

[05~09] 오른쪽 그림과 같은 직사각형 ABCD에서 다음을 구하시오.

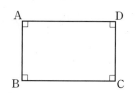

05 변 AB 위에 있는 꼭짓점

06 변 BC 위에 있지 않은 꼭짓점

07 변 BC와 한 점에서 만나는 변

08 변 AB와 평행한 변

TIP 평행한 두 변은 서로 만나지 않는다.

09 변 AD와 만나지 않는 변

[10~13] 오른쪽 그림과 같은 사다리꼴 ABCD에서 다음을 구하시오.

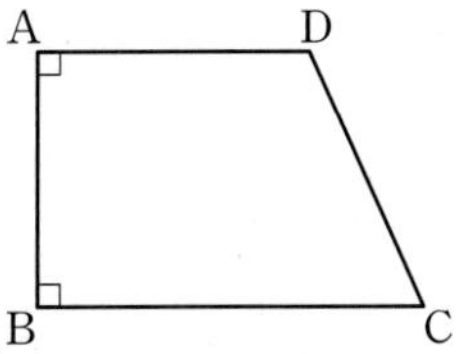

10 변 AD 위에 있는 꼭짓점

11 변 AD와 한 점에서 만나는 변

12 변 BC와 수직으로 만나는 변

13 변 BC와 평행한 변

[14~16] 오른쪽 그림과 같은 평행사변형 ABCD에서 다음을 구하시오.

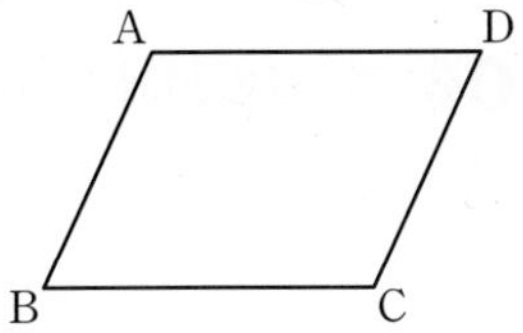

14 변 AB와 한 점에서 만나는 변

15 변 AB와 평행한 변

16 변 AD와 평행한 변

[17~23] 오른쪽 그림과 같은 정육각형 ABCDEF에서 다음을 구하시오.

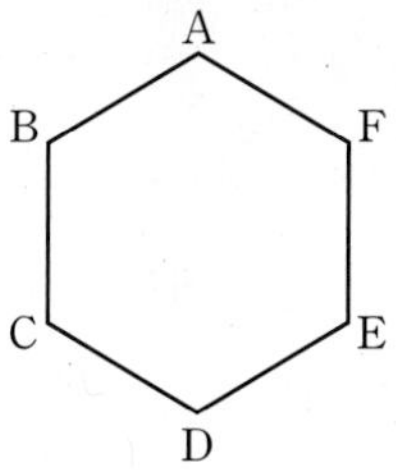

17 변 AF 위에 있는 꼭짓점

18 변 DE 위에 있지 않은 꼭짓점

19 변 AB와 평행한 변

20 변 CD와 평행한 변

21 변 BC와 한 점에서 만나는 변

22 변 EF와 한 점에서 만나는 변

23 변 DE와 평행하지 않은 변

04 공간에서의 위치 관계

1. 공간에서 두 직선의 위치 관계

→ 꼬인 위치에 있는 두 직선은
만나지도 평행하지도 않다.

(1) 한 점에서 만난다.   (2) 일치한다.   (3) 평행하다.   (4) 꼬인 위치에 있다.

   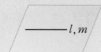   

참고 (1), (2), (3)은 한 평면 위에 있는 경우이고, (3), (4)는 만나지 않는 경우이다.

2. 공간에서 직선과 평면의 위치 관계

(1) 한 점에서 만난다.   (2) 직선이 평면에 포함된다.   (3) 평행하다. ($l /\!/ P$)

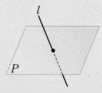      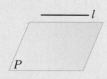

참고 직선 l이 평면 P와 한 점 O에서 만나고 점 O를 지나는 평면 P 위의 모든 직선과 서로 수직일 때, 직선 l과 평면 P는 서로 직교한다. ➡ 기호: $l \perp P$

3. 공간에서 평면과 평면의 위치 관계

→ 평행한 두 평면은 만나지 않는다.

(1) 한 직선에서 만난다.   (2) 일치한다.   (3) 평행하다. ($P /\!/ Q$)

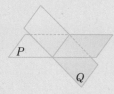   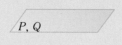   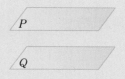

참고 평면 P가 평면 Q에 수직인 직선을 포함할 때, 평면 P와 평면 Q는 서로 수직이다. ➡ 기호: $P \perp Q$

정답과 풀이 4쪽

[01~08] 오른쪽 그림과 같은 직육면체에서 다음을 구하시오.

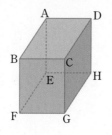

01 모서리 AB와 한 점에서 만나는 모서리

02 모서리 AB와 평행한 모서리

03 모서리 AB와 꼬인 위치에 있는 모서리

04 면 ABCD에 포함되는 모서리

05 면 ABCD와 한 점에서 만나는 모서리

06 면 ABCD와 평행한 모서리

07 면 ABCD와 한 직선에서 만나는 면

08 면 ABCD와 평행한 면

[09~16] 오른쪽 그림과 같은 삼각기둥에 대하여 옳은 것에는 ○표, 틀린 것에는 ×표를 하시오.

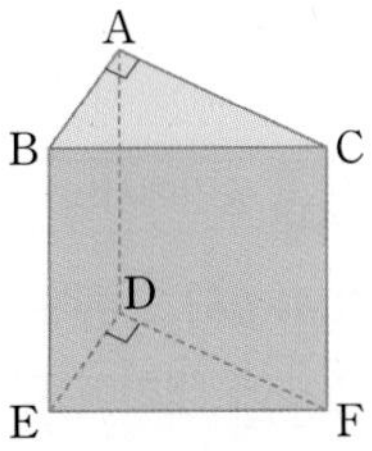

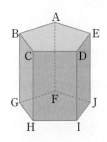

09 모서리 AB와 한 점에서 만나는 모서리의 개수는 2이다. ( )

10 모서리 AD와 평행한 모서리의 개수는 2이다. ( )

11 모서리 BC와 만나지 않는 모서리의 개수는 3이다. ( )

12 모서리 AC와 꼬인 위치에 있는 모서리의 개수는 3이다. ( )

TIP 꼬인 위치에 있는 모서리는 만나는 경우와 평행한 경우를 제외한 모서리이다.

13 모서리 DE와 수직인 면의 개수는 3이다. ( )

14 면 ABC와 평행한 모서리의 개수는 2이다. ( )

15 면 ABC와 평행한 면의 개수는 1이다. ( )

16 면 ABED와 수직인 면의 개수는 1이다. ( )

[17~20] 오른쪽 그림과 같은 오각기둥에서 다음을 구하시오.

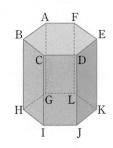

17 모서리 AB와 평행한 모서리

18 모서리 AB와 꼬인 위치에 있는 모서리

19 면 ABCDE와 수직인 모서리

20 면 ABCDE와 평행한 면

[21~24] 오른쪽 그림과 같은 육각기둥에서 다음을 구하시오.

21 모서리 AB와 평행한 모서리

22 모서리 AB와 꼬인 위치에 있는 모서리

23 면 ABCDEF와 수직인 면

24 면 ABCDEF와 평행한 면

03 평면에서의 위치 관계

[01~02] 오른쪽 그림과 같은 사다리꼴 ABCD에 대하여 다음 물음에 답하시오.

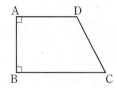

1 다음 중 옳은 것은?

① 변 AB와 변 DC는 평행하다.
② 변 AD와 변 DC는 평행하다.
③ 변 AB와 변 BC는 한 점에서 만난다.
④ 변 AD와 수직으로 만나는 변은 2개이다.
⑤ 변 AB와 한 점에서 만나는 변은 1개이다.

2 다음 중 □ 안에 들어갈 기호를 차례대로 알맞게 짝지은 것은?

$$\overline{AB} \boxed{\;\text{㉠}\;} \overline{BC}, \quad \overline{AD} \boxed{\;\text{㉡}\;} \overline{BC}$$

① ㉠ : // ㉡ : ⊥   ② ㉠ : // ㉡ : //
③ ㉠ : ⊥ ㉡ : //   ④ ㉠ : ⊥ ㉡ : =
⑤ ㉠ : ⊥ ㉡ : ⊥

3 오른쪽 그림과 같은 정육각형에서 $\overline{AF}$와 한 점에서 만나는 변의 수를 a, $\overline{BC}$와 평행한 변의 수를 b라고 할 때, $a+b$의 값은?

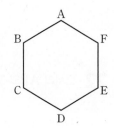

① 2   ② 3
③ 4   ④ 5
⑤ 6

04 공간에서의 위치 관계

[04~06] 오른쪽 그림과 같은 직육면체에 대하여 다음 물음에 답하시오.

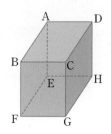

4 $\overline{AE}$와 수직인 모서리가 아닌 것은?

① $\overline{AB}$ ② $\overline{AD}$ ③ $\overline{BF}$
④ $\overline{EF}$ ⑤ $\overline{EH}$

5 $\overline{BC}$와 꼬인 위치에 있는 모서리가 아닌 것은?

① $\overline{AE}$ ② $\overline{DH}$ ③ $\overline{EF}$
④ $\overline{FG}$ ⑤ $\overline{HG}$

6 면 ABCD와 수직인 면이 아닌 것은?

① 면 ABFE   ② 면 BFGC
③ 면 CGHD   ④ 면 AEHD
⑤ 면 EFGH

🖍 꼭 알아야 할 개념 📝

	1차	2차	시험 직전
점과 직선 사이의 관계 알기			
두 직선 사이의 관계 알기			
직선과 평면 또는 두 평면 사이의 관계 알기			

1 오른쪽 그림과 같은 세 직선 l, m, n과 세 점 A, B, C에 대하여 다음 중 옳지 <u>않은</u> 것은?

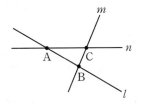

① 점 A는 직선 l 위에 있다.
② 점 B는 직선 n 위에 있지 않다.
③ 직선 m은 점 B를 지난다.
④ 직선 l은 점 C를 지나지 않는다.
⑤ 점 C는 직선 l 위의 점이다.

2 오른쪽 그림과 같은 사각뿔에 대한 설명으로 옳은 것은?

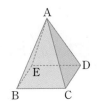

① 점 A를 포함하는 면은 3개이다.
② 점 B와 만나는 모서리는 4개이다.
③ 면 ABE와 만나는 모서리는 3개이다.
④ 모서리 AE와 면 BCDE는 한 점에서 만난다.
⑤ 면 ABE와 면 ACD는 한 직선에서 만난다.

3 오른쪽 그림과 같은 삼각기둥에서 $\overline{AB}$와 수직인 모서리의 개수를 a, $\overline{AD}$와 꼬인 위치에 있는 모서리의 개수를 b, $\overline{BE}$와 평행한 모서리의 개수를 c라고 할 때, $a+b+c$의 값은?

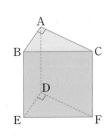

① 3   ② 4   ③ 5
④ 6   ⑤ 7

[04~05] 오른쪽 그림은 직육면체를 세 꼭짓점 B, C, F를 지나는 평면으로 잘라 낸 입체도형이다. 다음 물음에 답하시오.

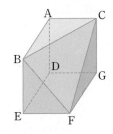

4 다음 중 면 ABC와 수직인 모서리는?

① $\overline{AB}$ ② $\overline{AD}$ ③ $\overline{BF}$
④ $\overline{CF}$ ⑤ $\overline{FG}$

5 다음 중 $\overline{BC}$와 꼬인 위치에 있는 모서리를 모두 고르면? (정답 2개)

① $\overline{AC}$ ② $\overline{BF}$ ③ $\overline{CG}$
④ $\overline{DE}$ ⑤ $\overline{EF}$

6 오른쪽 그림과 같은 오각기둥에 대하여 다음 세 조건을 모두 만족하는 모서리를 구하시오.

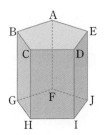

(가) 면 ABCDE와 만나지 않는다.
(나) 모서리 BC와 꼬인 위치에 있다.
(다) 모서리 AF, 모서리 CH와 만나지 않는다.

난 풀 수 있다. 고난도!!

도전 고난도

7 오른쪽 그림과 같은 전개도를 접어서 만든 입체도형에서 모서리 ID와 꼬인 위치에 있는 모서리의 개수를 구하시오.

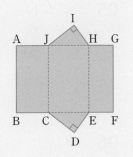

05 동위각, 엇각

두 직선이 한 직선과 만날 때 생기는 8개의 각 중에서

1. 동위각: 같은 위치에 있는 두 각

$\boxed{예}$ $\angle a$와 $\angle e$, $\angle b$와 $\angle f$, $\angle c$와 $\angle g$, $\angle d$와 $\angle h$

2. 엇각: 엇갈린 위치에 있는 두 각

$\boxed{예}$ $\angle b$와 $\angle h$, $\angle c$와 $\angle e$

$\boxed{참고}$ 엇각은 한 직선과 만나는 두 직선의 안쪽에서만 나타난다.

$\angle a$, $\angle d$, $\angle f$, $\angle g$의 엇각은 없다. ⟶

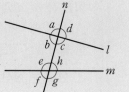

정답과 풀이 5쪽

[01~06] 아래 그림은 두 직선이 한 직선과 만나서 이루는 각을 표시한 것이다. 다음을 구하시오.

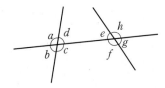

01 $\angle a$의 동위각

> **TIP** 서로 같은 위치에 있는 각을 찾는다.

02 $\angle f$의 동위각

03 $\angle c$의 동위각

04 $\angle h$의 동위각

05 $\angle c$의 엇각

> **TIP** 서로 엇갈린 위치에 있는 각을 찾는다.

06 $\angle d$의 엇각

[07~10] 아래 그림은 두 직선이 한 직선과 만나서 이루는 각을 표시한 것이다. 다음을 구하시오.

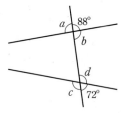

07 $\angle a$의 동위각의 크기

08 $\angle b$의 엇각의 크기

09 $\angle c$의 동위각의 크기

10 $\angle d$의 엇각의 크기

11 오른쪽 그림에서 $\angle a$의 동위각의 크기와 $\angle b$의 엇각의 크기의 합을 구하시오.

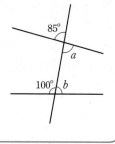

[12~19] 오른쪽 그림은 두 직선이 한 직선과 만나서 이루는 각을 표시한 것이다. 다음 중 옳은 것에는 ○표, 틀린 것에는 ✕표를 하시오.

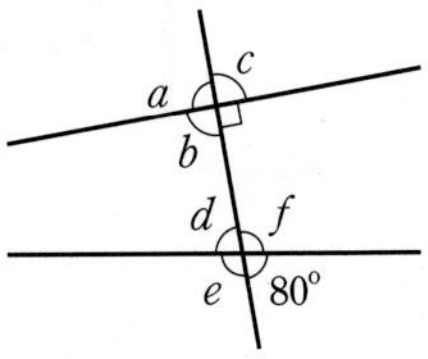

12 ∠a의 동위각은 ∠d이다. ( )

13 ∠c의 엇각은 ∠e이다. ( )

14 ∠b의 엇각은 ∠f이다. ( )

15 ∠e의 동위각은 ∠f이다. ( )

16 ∠b와 ∠e의 크기는 같다. ( )

17 ∠b의 동위각의 크기는 100°이다. ( )

18 ∠d의 엇각의 크기는 90°이다. ( )

19 ∠f의 동위각의 크기는 90°이다. ( )

[20~23] 오른쪽 그림은 세 직선이 만나서 이루는 각을 표시한 것이다. 다음 중 옳은 것에는 ○표, 틀린 것에는 ✕표를 하시오.

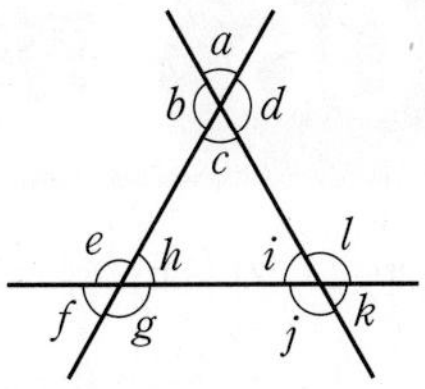

20 ∠b는 ∠f의 동위각이다. ( )

21 ∠c는 ∠i의 엇각이다. ( )

22 ∠g는 ∠j의 동위각이다. ( )

23 ∠i는 ∠j의 엇각이다. ( )

[24~26] 오른쪽 그림은 세 직선이 만나서 이루는 각을 표시한 것이다. 다음을 구하시오.

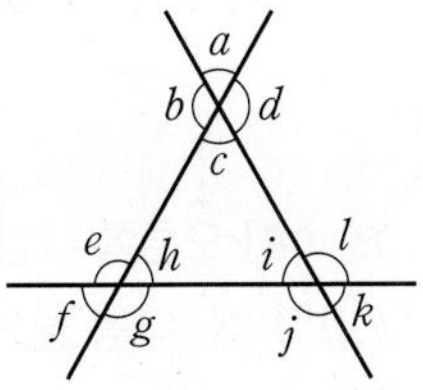

24 ∠a의 동위각

25 ∠g의 동위각

26 ∠h의 엇각

06 평행선의 성질

1. 두 직선이 한 직선과 만날 때 두 직선이 평행하면
　(1) 동위각의 크기는 같다.
　(2) 엇각의 크기는 같다.
2. 두 직선이 평행할 조건
　(1) 동위각의 크기가 같으면 두 직선은 평행하다.
　(2) 엇각의 크기가 같으면 두 직선은 평행하다.

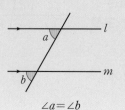

정답과 풀이 6쪽

[01~02] 오른쪽 그림에서 $l /\!/ m$ 일 때, 다음 물음에 답하시오.

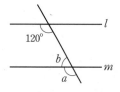

01 동위각의 크기를 이용하여 $\angle a$의 크기를 구하시오.

> **TIP** 두 직선이 평행하면 동위각의 크기는 같다.

02 엇각의 크기를 이용하여 $\angle b$의 크기를 구하시오.

> **TIP** 두 직선이 평행하면 엇각의 크기는 같다.

[03~04] 오른쪽 그림에서 $l /\!/ m$일 때, 다음 물음에 답하시오.

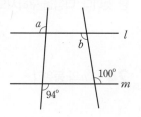

03 동위각의 크기를 이용하여 $\angle a$의 크기를 구하시오.

> **TIP** 맞꼭지각의 크기는 항상 같다.

04 엇각의 크기를 이용하여 $\angle b$의 크기를 구하시오.

[05~06] 오른쪽 그림에서 $l /\!/ m$일 때, 다음 물음에 답하시오.

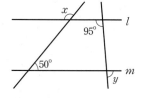

05 엇각의 크기를 이용하여 $\angle x$의 크기를 구하시오.

06 동위각의 크기를 이용하여 $\angle y$의 크기를 구하시오.

[07~08] 오른쪽 그림에서 $l /\!/ m$일 때, 다음 물음에 답하시오.

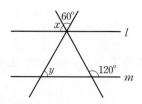

07 동위각의 크기를 이용하여 $\angle x$의 크기를 구하시오.

08 엇각의 크기를 이용하여 $\angle y$의 크기를 구하시오.

[09~14] 다음 그림에서 두 직선 l, m이 평행하면 ◯표, 평행하지 않으면 ✕표를 하시오.

09

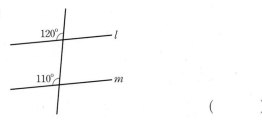

( )

TIP 동위각의 크기가 같으면 두 직선은 평행하다.

10

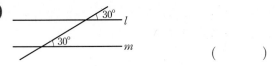

( )

11

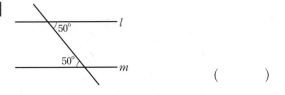

( )

TIP 엇각의 크기가 같으면 두 직선은 평행하다.

12

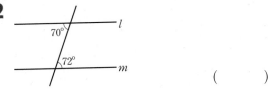

( )

13

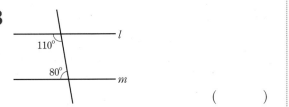

( )

14

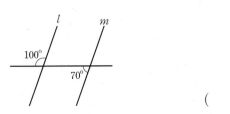

( )

[15~16] 다음 그림에서 $l /\!/ m$일 때, $\angle x$의 크기를 구하시오.

15

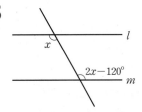

16

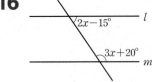

TIP 평행선에서 엇각 또는 동위각의 크기가 같음을 이용하여 구한다.

[17~19] 오른쪽 그림에서 $l /\!/ m /\!/ n$일 때, 다음을 구하시오.

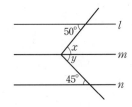

17 $\angle x$의 크기

18 $\angle y$의 크기

19 $\angle x + \angle y$의 크기

20 오른쪽 그림에서 $l /\!/ m$일 때, $\angle x$의 크기를 구하시오.

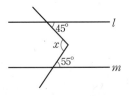

TIP 꺾인 부분의 점을 지나고 두 직선 l, m에 평행한 직선을 긋는다.

05 동위각, 엇각

1 다음 중 오른쪽 그림에서 동위각끼리 짝지어진 것을 모두 고르면?

(정답 2개)

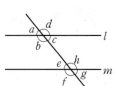

① ∠a와 ∠e
② ∠b와 ∠h
③ ∠c와 ∠g
④ ∠d와 ∠g
⑤ ∠e와 ∠f

2 오른쪽 그림에서 ∠c의 엇각은?

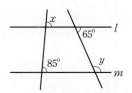

① ∠a ② ∠b
③ ∠e ④ ∠f
⑤ ∠g

06 평행선의 성질

3 오른쪽 그림에서 $l /\!/ m$일 때, ∠x, ∠y의 크기를 각각 구하시오.

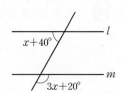

4 오른쪽 그림에서 $l /\!/ m$일 때, ∠x의 크기는?

① 25°   ② 30°
③ 35°   ④ 40°
⑤ 45°

5 다음 중 두 직선 l, m이 평행하지 <u>않은</u> 것은?

① 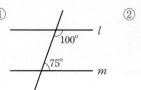   ②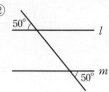

③ 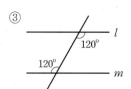   ④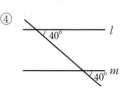

⑤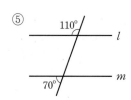

6 오른쪽 그림에서 $l /\!/ m$일 때, ∠x의 크기는?

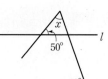

① 50°   ② 55°
③ 60°   ④ 65°
⑤ 70°

7 오른쪽 그림에서 $l /\!/ m$일 때, ∠x의 크기를 구하시오.

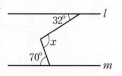

📌 **꼭 알아야 할 개념**

	1차	2차	시험 직전
동위각, 엇각 이해하기			
평행선의 성질 이해하기			
두 직선이 평행할 조건 이해하기			

1 오른쪽 그림에 대하여 다음 중 옳지 <u>않은</u> 것은?

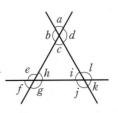

① ∠a와 ∠e는 동위각이다.
② ∠b와 ∠i는 동위각이다
③ ∠h와 ∠j는 동위각이다.
④ ∠l와 ∠c는 엇각이다.
⑤ ∠d와 ∠i는 엇각이다.

2 오른쪽 그림에서 $l /\!/ m$, $p /\!/ q$일 때, ∠y−∠x의 크기는?

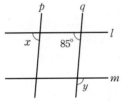

① 5°   ② 10°
③ 15°   ④ 20°
⑤ 25°

3 오른쪽 그림에서 $l /\!/ m$, $p /\!/ q$일 때, ∠x의 크기는?

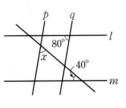

① 40°   ② 50°
③ 60°   ④ 70°
⑤ 80°

4 다음 중 오른쪽 그림에서 $l /\!/ m$이 되기 위한 조건으로 알맞은 것은?

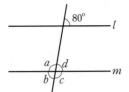

① ∠a=80°
② ∠a+∠b=180°
③ ∠b=80°
④ ∠c=50°
⑤ ∠d=100°

5 오른쪽 그림에서 $l /\!/ m$이고, ∠ABC=2∠CBD일 때, ∠CBD의 크기는?

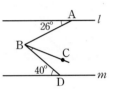

① 22°   ② 33°
③ 44°   ④ 55°
⑤ 66°

6 오른쪽 그림에서 $l /\!/ m$일 때, ∠x의 크기를 구하시오.

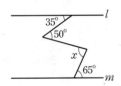

난 풀 수 있다. 고난도!!

도전 고난도

7 다음 그림과 같이 직사각형 모양의 종이를 $\overline{EF}$를 접은 선으로 하여 접었을 때, ∠AED′=30°이다. ∠EFC의 크기를 구하시오.

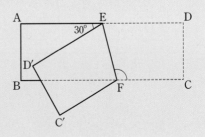

07 작도

1. 작도: 눈금 없는 자와 컴퍼스만을 사용하여 도형을 그리는 것

　(1) 눈금 없는 자 : 두 점을 잇는 선분을 그리거나 선분을 연장하는 데 사용한다.

　(2) 컴퍼스 : 원을 그리거나 선분의 길이를 재어 옮기는 데 사용한다.

2. 길이가 같은 선분의 작도

		➡ 자를 이용한다.	➡ 컴퍼스를 이용한다.	
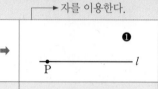		❶ 	❷	❸
$\overline{AB}$와 길이가 같은 선분의 작도		직선 l과 l 위의 점 P 그리기	$\overline{AB}$의 길이 재기	$\overline{AB}=\overline{PQ}$인 점 Q를 그려 $\overline{PQ}$ 완성하기

3. 크기가 같은 각의 작도

$\angle XOY = \angle ABC \longleftarrow$

		❶	❷	❸❹
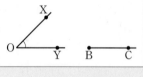		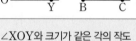		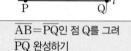
$\angle XOY$와 크기가 같은 각의 작도		점 O가 중심인 원 그리기	$\overline{OQ}=\overline{BD}$인 점 D 그리기	$\overline{PQ}=\overline{AD}$인 점 A를 그려 $\angle ABC$ 완성하기

정답과 풀이 8쪽

01 다음은 선분 AB와 길이가 같은 선분 CD를 작도하는 과정이다. ☐ 안에 알맞은 것을 쓰시오.

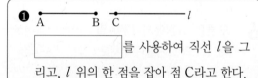

❶ ☐를 사용하여 직선 l을 그리고, l 위의 한 점을 잡아 점 C라고 한다.

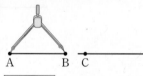

☐를 사용하여 $\overline{AB}$의 길이를 잰다.

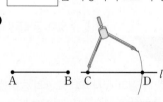

점 C를 중심으로 하고 ☐의 길이를 반지름으로 하는 원을 그려 직선 l과의 교점을 D라고 하면 $\overline{AB}=$ ☐이다.

02 다음은 $\angle AOB$와 크기가 같고, 반직선 QR를 한 변으로 하는 $\angle PQR$를 작도하는 과정이다. ☐ 안에 알맞은 것을 쓰시오.

❶ 점 O를 중심으로 하는 원을 그린 후, 반직선 OA와 반직선 OB와의 교점을 각각 C, D라고 한다.

❷ 점 Q를 중심으로 하고 선분 OD의 길이를 반지름으로 하는 원을 그려 반직선 QR과의 교점을 E라고 한다.

이때 $\overline{OD}=$ ☐

❸ 점 E를 중심으로 하고 선분 CD의 길이를 반지름으로 하는 원을 그려 ❷에서 그린 원과의 교점을 P라고 한다.

이때 $\overline{CD}=$ ☐

❹ 점 Q에서 시작하여 점 P를 지나는 반직선 QP를 그으면

$\angle AOB=$ ☐

08 삼각형의 각과 변

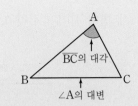

1. 삼각형: 세 꼭짓점과 세 변으로 이루어진 도형

　　삼각형 ABC ➡ 기호 : △ABC

2. 대각: 변과 마주 보는 각　예 변 BC의 대각은 ∠A이다.

3. 대변: 각과 마주 보는 변　예 ∠A의 대변은 변 BC이다.

4. 삼각형의 세 변의 길이 사이의 관계

　　(삼각형의 가장 긴 변의 길이) < (나머지 두 변의 길이의 합)┌→ 한 변의 길이가 나머지 두 변의 길이의 합보다 크면 그 세 변으로는 삼각형을 만들 수 없다.

　　참고 도형의 꼭짓점은 대문자 A, B, C, …로, 변의 길이는 소문자 a, b, c, …로 나타낸다.

> 정답과 풀이 8쪽

[01~04] 오른쪽 그림과 같은 삼각형 ABC에서 다음에 해당하는 것을 기호로 나타내시오.

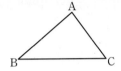

01 ∠B의 대변

02 ∠C의 대변

03 $\overline{BC}$의 대각

04 $\overline{AC}$의 대각

[05~08] 세 선분의 길이가 각각 다음과 같을 때, 삼각형의 세 변이 될 수 있는 것에는 ○표, 될 수 없는 것에는 ✕표를 하시오.

05 3, 4, 5　　　　　　　　　(　　)

> TIP 가장 긴 변의 길이가 나머지 두 변의 길이의 합보다 작아야 삼각형을 만들 수 있다.

06 1, 5, 6　　　　　　　　　(　　)

07 7, 8, 10　　　　　　　　(　　)

08 5, 2, 9　　　　　　　　　(　　)

[09~12] 삼각형의 두 변의 길이가 각각 3 cm, 5 cm일 때, 다음 중 나머지 한 변의 길이가 될 수 있는 것에는 ○표, 될 수 없는 것에는 ✕표를 하시오.

09 1 cm　　　　　　　　　(　　)

10 4 cm　　　　　　　　　(　　)

11 7 cm　　　　　　　　　(　　)

12 10 cm　　　　　　　　(　　)

[13~17] 다음은 길이가 2 cm, 3 cm, 4 cm, 5 cm인 네 개의 선분 중에서 3개를 선택하여 삼각형을 만들 수 있는 경우를 구하기 위한 과정이다. ( ) 안에 들어갈 것으로 알맞은 것에 ○표를 하시오.

13 2 cm, 3 cm, 4 cm를 선택한 경우
　　4 < 2 + 3이므로 삼각형을 만들 수 (있다, 없다).

14 2 cm, 3 cm, 5 cm를 선택한 경우
　　5 = 2 + 3이므로 삼각형을 만들 수 (있다, 없다).

15 2 cm, 4 cm, 5 cm를 선택한 경우
　　5 < 2 + 4이므로 삼각형을 만들 수 (있다, 없다).

16 3 cm, 4 cm, 5 cm를 선택한 경우
　　5 < 3 + 4이므로 삼각형을 만들 수 (있다, 없다).

17 길이가 2 cm, 3 cm, 4 cm, 5 cm인 네 개의 선분 중에서 3개를 선택하여 삼각형을 만들 수 있는 경우는 (3가지, 4가지)이다.

세 변의 길이가 각각 a, b, c로 주어진 삼각형은 다음의 순서로 작도한다.

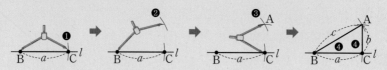

❶ 직선 l 위에 길이가 a인 선분 BC를 작도한다.

❷ 점 B가 중심이고 반지름의 길이가 c인 원을 그린다.

❸ 점 C가 중심이고, 반지름의 길이가 b인 원을 그려 ❷에서 그린 원과의 교점을 A라고 한다.

❹ 두 점 A와 B, 두 점 A와 C를 연결하여 삼각형 ABC를 작도한다.　　❷, ❸의 과정은 순서가 바뀌어도 된다.

참고 세 선분 중에서 가장 긴 변의 길이가 나머지 두 변의 길이의 합보다 작아야 삼각형을 작도할 수 있다.

정답과 풀이 8쪽

01 다음은 세 변의 길이가 a, b, c로 주어진 삼각형 ABC를 작도하는 과정이다. ☐ 안에 알맞은 것을 쓰시오.

 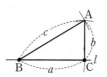

❶ 컴퍼스를 사용하여 점 B를 지나는 직선 l 위에 길이가 ☐ 가 되도록 점 C를 잡는다.

❷ 점 B를 중심으로 반지름의 길이가 ☐ 인 원을 그린다.

❸ 점 ☐ 를 중심으로 반지름의 길이가 b인 원을 그려 ❷에서 그린 원과의 교점을 A라고 한다.

❹ 두 점 A와 B, 두 점 A와 C를 각각 이으면 세 변의 길이가 a, b, c인 삼각형 ABC가 작도된다.

02 다음은 세 변의 길이가 각각 a, b, c로 주어진 삼각형 ABC를 작도하는 과정이다. ☐ 안에 알맞은 것을 쓰시오.

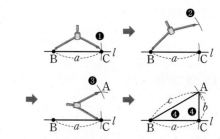

❶ 직선 l을 긋고, 그 위에 길이가 a인 선분 ☐ 를 작도한다.

❷ 점 B를 중심으로 ☐ 의 길이가 c인 원을 그린다.

❸ 점 C를 중심으로 반지름의 길이가 ☐ 인 원을 그려 ❷에서 그린 원과의 교점을 A라고 한다.

❹ 두 점 ☐ 와 B, 두 점 ☐ 와 C를 각각 이으면 세 변의 길이가 a, b, c인 삼각형 ABC가 작도된다.

10 두 변의 길이와 그 끼인각의 크기가 주어진 삼각형의 작도

두 변의 길이가 각각 a, c이고, 그 끼인각의 크기가 ∠B인 삼각형은 다음의 순서로 작도한다.

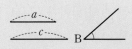

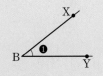 ➡ 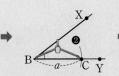 ➡ 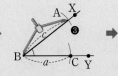 ➡

❶ ∠B와 크기가 같은 ∠XBY를 작도한다.

❷ 점 B가 중심이고 반지름의 길이가 a인 원을 그려 $\overrightarrow{BY}$와의 교점을 C라고 한다.

❸ 점 B가 중심이고 반지름의 길이가 c인 원을 그려 $\overrightarrow{BX}$와의 교점을 A라고 한다.

❹ 두 점 A와 C를 연결하여 삼각형 ABC를 작도한다.

❷, ❸의 과정은 순서가 바뀌어도 된다.

참고 길이가 같은 선분의 작도와 크기가 같은 각의 작도 과정을 이용하여 그린다.

정답과 풀이 8쪽

01 다음은 두 변의 길이가 b, c, 그 끼인각이 ∠A로 주어진 삼각형 ABC를 작도하는 과정이다. □ 안에 알맞은 것을 쓰시오.

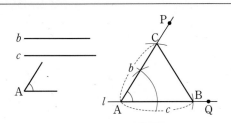

㉠ 직선 l을 긋고 주어진 □와 크기가 같은 ∠PAQ를 작도한다.

㉡ 점 A를 중심으로 하고 반지름의 길이가 □인 원을 그려 반직선 AQ와의 교점을 B라고 한다.

㉢ 점 A를 중심으로 하고 반지름의 길이가 b인 원을 그려 반직선 AP와의 교점을 □라고 한다.

㉣ 두 점 B와 C를 연결하여 삼각형 ABC를 작도한다.

02 다음 그림은 두 변의 길이와 그 끼인각의 크기가 주어졌을 때 $\overline{BC}$를 밑변으로 하는 삼각형 ABC를 작도한 것이다. 작도 순서에 맞게 □ 안에 알맞은 기호를 쓰시오.

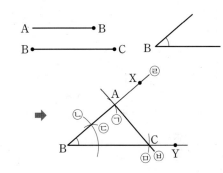

㉡ ─ □ ─ □ ─ ㉠ ─ □ ─ □

11 한 변의 길이와 그 양 끝각의 크기가 주어진 삼각형의 작도

한 변의 길이가 a이고, 그 양 끝각의 크기가 각각 $\angle B$, $\angle C$인 삼각형은 다음의 순서로 작도한다.

 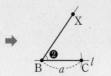 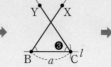

❶ 직선 l 위에 길이가 a인 선분 BC를 작도한다.

❷ $\angle B$와 크기가 같은 $\angle XBC$를 작도한다.

❸ $\angle C$와 크기가 같은 $\angle YCB$를 작도한다. → ❷, ❸의 과정은 순서가 바뀌어도 된다.

❹ 두 반직선 BX와 CY의 교점을 A라고 하면 삼각형 ABC가 작도된다.

참고 길이가 같은 선분의 작도와 크기가 같은 각의 작도 과정을 이용하여 그린다.

정답과 풀이 8쪽

01 다음은 한 변의 길이가 c, 그 양 끝각의 크기가 $\angle A$, $\angle B$로 주어진 삼각형 ABC를 작도하는 과정이다. □ 안에 알맞은 것을 쓰시오.

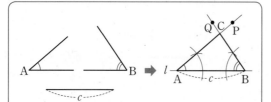

❶ 직선 l을 긋고, 그 위에 길이가 □ 인 선분 AB를 작도한다.

❷ 선분 AB를 한 변으로 하고 주어진 □ 와 크기가 같은 $\angle PAB$를 작도한다.

❸ 선분 AB를 한 변으로 하고 주어진 □ 와 크기가 같은 $\angle QBA$를 작도한다.

❹ 두 반직선 AP, BQ의 교점을 C라고 하면 삼각형 □ 가 작도된다.

02 다음은 한 변의 길이가 a이고, $\angle B$, $\angle C$를 그 양 끝각으로 하는 삼각형 ABC를 작도하는 과정이다. □ 안에 알맞은 것을 쓰시오.

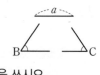

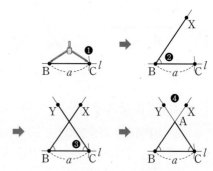

❶ 직선 l을 긋고, 그 위에 길이가 a인 선분 □ 를 작도한다.

❷ $\angle B$와 크기가 같은 □ 를 작도한다.

❸ □ 와 크기가 같은 $\angle YCB$를 작도한다.

❹ 반직선 BX와 반직선 □ 의 교점을 A라고 하면 삼각형 ABC가 작도된다.

학습날짜 :　　월　　일 / 학습결과 :

삼각형은 다음의 세 가지 경우에 그 모양과 크기가 하나로 정해진다.

(1) 세 변의 길이가 주어진 경우

(2) 두 변의 길이와 그 끼인각의 크기가 주어진 경우

(3) 한 변의 길이와 그 양 끝각의 크기가 주어진 경우

참고 삼각형이 하나로 정해지지 않는 경우의 예

① 두 변의 길이가 주어졌을 때, 그 끼인각이 아닌 다른 각이 주어진 경우

예 두 변의 길이가 5 cm, 6 cm이고, 한 각의 크기가 45°인 삼각형은 한 가지가 아니다.

② 한 변의 길이가 주어졌을 때, 그 양 끝각이 아닌 다른 두 각이 주어진 경우

예 한 변의 길이가 4 cm이고, 두 각의 크기가 45°, 60°인 삼각형은 한 가지가 아니다.

정답과 풀이 9쪽

[01~07] 다음과 같은 조건이 주어질 때, 삼각형 ABC가 하나로 정해지는 것에는 ○표, 하나로 정해지지 않는 것에는 ×표를 하시오.

01 $\overline{AB}=5, \overline{BC}=3, \overline{AC}=7$　　　(　　)

02 $\overline{AB}=4, \overline{BC}=2, \overline{AC}=8$　　　(　　)

> TIP 세 변이 길이가 주어진 경우, 가장 긴 변의 길이가 나머지 두 변의 길이의 합보다 크면 삼각형을 만들 수 없다.

03 $\overline{AB}=4, \overline{BC}=5, \angle B=60°$　　　(　　)

04 $\overline{AB}=4, \overline{BC}=6, \angle C=30°$　　　(　　)

05 $\angle A=70°, \overline{AB}=8, \angle B=110°$　　(　　)

> TIP 삼각형의 세 내각의 크기의 합이 180°이므로 두 각의 크기의 합이 180°보다 크거나 같으면 삼각형을 만들 수 없다.

06 $\overline{BC}=6, \angle B=60°, \angle C=30°$　　(　　)

07 $\angle A=90°, \angle B=60°, \angle C=30°$　(　　)

[08~12] 삼각형 ABC에서 $\overline{AB}=6, \overline{BC}=9$일 때, 다음 중 삼각형 ABC가 하나로 정해지기 위해 필요한 나머지 한 조건인 것에는 ○표, 조건이 아닌 것에는 ×표를 하여라.

08 $\overline{AC}=3$　　　　　　　　　(　　)

09 $\overline{AC}=7$　　　　　　　　　(　　)

10 $\overline{AC}=12$　　　　　　　　(　　)

11 $\angle B=80°$　　　　　　　　(　　)

12 $\angle C=30°$　　　　　　　　(　　)

> TIP 두 변의 길이가 주어진 경우, 그 끼인각이 아닌 다른 한 각이 주어질 때에는 삼각형이 하나로 결정되지 않을 수 있다.

07 작도

1 다음 작도에 대한 설명 중 옳은 것을 모두 고르면?

(정답 2개)

① 컴퍼스는 두 점을 지나는 선분을 그릴 때 사용한다.

② 눈금 없는 자는 선분의 길이를 연장할 때 사용한다.

③ 크기가 같은 각을 작도할 때는 각도기가 필요하다.

④ 두 선분의 길이를 재어 비교할 때 컴퍼스를 사용한다.

⑤ 눈금 없는 자와 컴퍼스만으로는 길이가 같은 선분을 그릴 수 없다.

08 삼각형의 각과 변

2 오른쪽 그림과 같은 삼각형 ABC에 대한 설명 중 옳지 <u>않은</u> 것은?

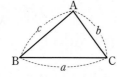

① $a+b<c$

② ∠A의 대변은 $\overline{BC}$이다.

③ $\overline{AB}$의 대각은 ∠C이다.

④ ∠B의 대변의 길이는 b이다.

⑤ 삼각형 ABC는 기호로 △ABC와 같이 나타낸다.

3 삼각형의 세 변의 길이가 다음과 같이 주어질 때, 삼각형을 작도할 수 <u>없는</u> 것은?

① 3, 4, 5   ② 5, 12, 13   ③ 4, 6, 10

④ 8, 12, 15   ⑤ 7, 7, 7

09~11 삼각형의 작도

4 다음은 한 변의 길이가 a이고, 그 양 끝각의 크기가 ∠B, ∠C인 삼각형 ABC를 작도하는 과정이다. (가)~(다)에 들어갈 것으로 알맞은 것을 쓰시오.

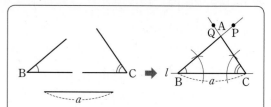

㉠ 직선 l을 긋고, 그 위에 길이가 a인 선분 (가) 를 작도한다.

㉡ 선분 BC를 한 변으로 하고 주어진 (나) 와 크기가 같은 ∠PBC를 작도한다.

㉢ 선분 BC를 한 변으로 하고 주어진 ∠C와 크기가 같은 ∠QCB를 작도한다.

㉣ 두 반직선 BP, (다) 의 교점을 A라고 하면 삼각형 ABC가 작도된다.

12 삼각형이 하나로 정해지는 경우

5 삼각형 ABC에서 $\overline{AB}$의 길이와 ∠B의 크기가 주어졌을 때 삼각형 ABC가 하나로 정해지려면 어느 한 변의 길이를 알아야 하는지 쓰시오.

꼭 알아야 할 개념

	1차	2차	시험 직전
크기가 같은 각, 길이가 같은 선분 작도하기			
조건이 주어진 삼각형 작도하기			
삼각형이 하나로 정해지는 경우 이해하기			

1 아래 그림은 ∠XOY와 크기가 같은 각을 반직선 PQ 위에 작도한 것이다. 다음 중 옳지 <u>않은</u> 것은?

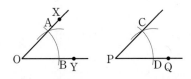

① $\overline{OA}=\overline{PC}$ ② $\overline{OB}=\overline{PD}$ ③ $\overline{OA}=\overline{CD}$
④ $\overline{AB}=\overline{CD}$ ⑤ $\overline{OA}=\overline{PD}$

2 오른쪽 그림의 삼각형 ABC에 대한 다음 설명 중 옳은 것은?

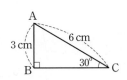

① ∠A의 대변의 길이는 6 cm이다.
② ∠B의 대변의 길이는 3 cm이다.
③ $\overline{AB}$의 대각의 크기는 90°이다.
④ $\overline{AC}$의 대각의 크기는 60°이다.
⑤ $\overline{BC}$의 대각의 크기는 60°이다.

3 삼각형의 세 변의 길이가 각각 x, $x+2$, $x+5$일 때, 다음 중 삼각형을 만들 수 있는 x의 값으로 옳지 <u>않은</u> 것은?

① 3   ② 4   ③ 5
④ 6   ⑤ 7

4 다음 그림과 같이 $\overline{AB}$, ∠A, ∠B가 주어질 때, 삼각형 ABC의 작도 순서가 옳지 <u>않은</u> 것을 모두 고르면? (정답 2개)

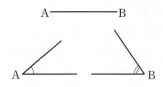

① $\overline{BC}$ ➡ ∠A ➡ ∠B
② $\overline{AB}$ ➡ ∠B ➡ ∠A
③ ∠A ➡ $\overline{AB}$ ➡ ∠B
④ ∠A ➡ ∠B ➡ $\overline{AB}$
⑤ ∠B ➡ $\overline{AB}$ ➡ ∠A

5 다음 중 삼각형 ABC가 하나로 정해지는 것은?

① ∠B=50°, ∠C=40°, $\overline{BC}$=10
② ∠A=70°, ∠B=50°, ∠C=60°
③ $\overline{AB}$=4, $\overline{BC}$=5, ∠C=40°
④ $\overline{AB}$=6, $\overline{BC}$=13, $\overline{AC}$=7
⑤ ∠A=65°, $\overline{AB}$=7, $\overline{BC}$=6

난 풀 수 있다. 고난도!!

도전 고난도

6 다음 조건을 모두 만족하는 삼각형은 몇 개인지 구하시오.

• 각 변의 길이는 모두 자연수이다.
• 각 변의 길이가 모두 4 cm보다 크다.
• 세 변의 길이의 합이 20 cm이다.

13 합동인 도형의 성질

학습날짜 : 월 일 / 학습결과 :

1. 합동: 모양과 크기가 같아서 포개었을 때 완전히 겹치게 되는 관계

2. 합동인 도형의 성질

(1) 대응변의 길이가 각각 같다.

(2) 대응각의 크기가 각각 같다.

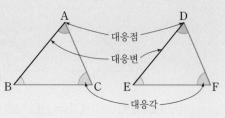

참고 서로 포개어지는 꼭짓점과 꼭짓점, 변과 변, 각과 각을 서로 대응한다고 한다.

예 △ABC와 △DEF가 서로 합동이다. ➡ 기호 : △ABC≡△DEF

이때 $\overline{AB}=\overline{DE}$, $\overline{BC}=\overline{EF}$, $\overline{CA}=\overline{FD}$, ∠A=∠D, ∠B=∠E, ∠C=∠F

참고 합동인 두 도형을 기호로 나타낼 때는 대응하는 꼭짓점 순서대로 쓴다.

정답과 풀이 10쪽

[01~08] 아래 그림에서 사각형 ABCD와 사각형 EFGH가 서로 합동일 때, 다음을 구하시오.

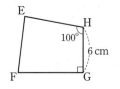

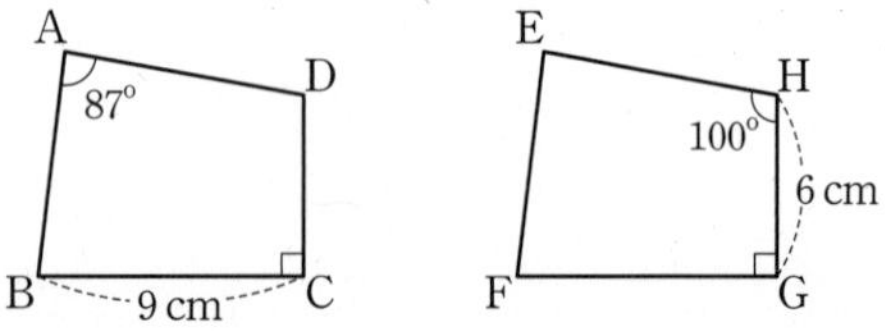

01 ∠A에 대응하는 각

02 ∠H에 대응하는 각

03 $\overline{AB}$에 대응하는 변

04 $\overline{EH}$에 대응하는 변

05 $\overline{FG}$의 길이

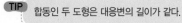

TIP 합동인 두 도형은 대응변의 길이가 같다.

06 $\overline{CD}$의 길이

07 ∠D의 크기

TIP 합동인 두 도형은 대응각의 크기가 같다.

08 ∠E의 크기

[09~16] 아래 그림에서 사각형 ABCD와 사각형 EFGH가 서로 합동일 때, 다음을 구하시오.

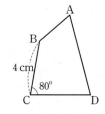

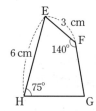

09 ∠B의 대응각

10 ∠E의 대응각

11 $\overline{CD}$의 대응변

12 $\overline{FG}$의 대응변

13 $\overline{AB}$의 길이

14 $\overline{AD}$의 길이

15 ∠D의 크기

16 ∠G의 크기

[17~20] 아래 그림에서 △ABC와 △DEF가 서로 합동일 때, 다음을 구하시오.

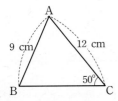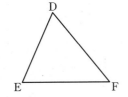

17 ∠A의 대응각

18 $\overline{BC}$의 대응변

19 $\overline{DE}$의 길이

20 ∠F의 크기

[21~24] 아래 그림에서 △ABC≡△DEF일 때, 다음을 구하시오.

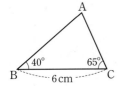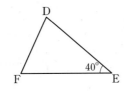

21 ∠B의 대응각

22 $\overline{DF}$의 대응변

23 $\overline{EF}$의 길이

24 ∠D의 크기

[25~30] 아래 그림에서 △ABC≡△DEF일 때, 다음 중 옳은 것에는 ○표, 옳지 않은 것에는 ✕표를 하시오.

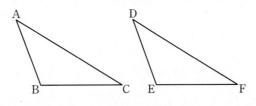

25 $\overline{AB}=\overline{DE}$ (   )

26 $\overline{BC}=\overline{DF}$ (   )

27 ∠A=∠F (   )

28 ∠B=∠E (   )

29 △ABC와 △DEF는 넓이가 같다. (   )

30 △ABC와 △DEF는 둘레의 길이가 같다.
(   )

[31~33] 다음 두 도형이 합동이면 ○표, 합동이 아니면 ✕표를 하시오.

31 반지름의 길이가 같은 두 원 (   )

32 넓이가 같은 두 직사각형 (   )

33 한 변의 길이가 같은 두 정사각형 (   )

TIP 정사각형은 네 변의 길이가 모두 같다.

14 삼각형의 합동 조건

△ABC와 △DEF에서

1. 세 대응변의 길이가 각각 같을 때
$\overline{AB}=\overline{DE}$, $\overline{BC}=\overline{EF}$, $\overline{CA}=\overline{FD}$이면 △ABC≡△DEF ➡ SSS합동

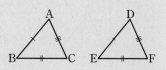

2. 두 대응변의 길이가 각각 같고, 그 끼인각의 크기가 같을 때
$\overline{AB}=\overline{DE}$, $\overline{BC}=\overline{EF}$, ∠B=∠E이면 △ABC≡△DEF ➡ SAS합동

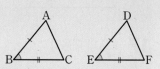

3. 한 대응변의 길이가 같고, 그 양 끝각의 크기가 각각 같을 때
$\overline{BC}=\overline{EF}$, ∠B=∠E, ∠C=∠F이면 △ABC≡△DEF ➡ ASA합동

정답과 풀이 10쪽

[01~04] 다음은 두 삼각형이 서로 합동임을 보이는 과정이다. ☐ 안에 알맞은 것을 쓰시오.

01

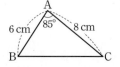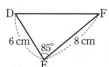

△ABC와 △DEF에서
$\overline{AB}=$ ☐ $=6$ cm, $\overline{AC}=$ ☐ $=8$ cm,
∠A= ☐ $=85°$
두 대응변의 길이가 각각 같고, 그 끼인각의 크기가 같으므로 △ABC≡ ☐ 이다.

02

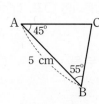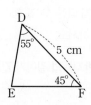

△ABC와 △DEF에서
$\overline{AB}=$ ☐ $=5$ cm, ∠A= ☐ $=45°$,
∠B= ☐ $=55°$
한 대응변의 길이가 같고, 그 양 끝각의 크기가 각각 같으므로 △ABC≡ ☐ 이다.

03

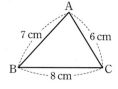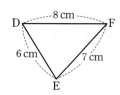

△ABC와 △DEF에서
$\overline{AB}=$ ☐ $=7$ cm, $\overline{BC}=$ ☐ $=8$ cm,
$\overline{AC}=$ ☐ $=6$ cm
세 대응변의 길이가 각각 같으므로
△ABC≡ ☐ 이다.

04

△ABC에서
∠A=$180°-(60°+80°)=$ ☐
△ABC와 △DEF에서
$\overline{AC}=$ ☐ $=5$ cm, ∠C= ☐ $=80°$
∠A= ☐ $=40°$
한 대응변의 길이가 같고, 그 양 끝각의 크기가 각각 같으므로 △ABC≡ ☐ 이다.

TIP 두 각의 크기가 주어진 삼각형에서는 나머지 한 각의 크기를 구할 수 있다.

[05~07] 다음 〈보기〉의 삼각형에 대하여 물음에 답하시오.

┤ 보기 ├

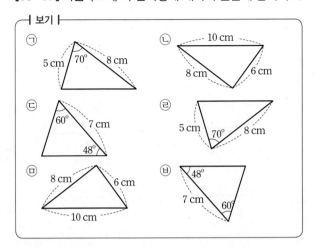

05 세 대응변의 길이가 각각 같으므로 합동인 두 삼각형을 찾으시오.

06 두 대응변의 길이가 각각 같고, 그 끼인각의 크기가 같으므로 합동인 두 삼각형을 찾으시오.

07 한 대응변의 길이가 같고, 그 양 끝각의 크기가 각각 같으므로 합동인 두 삼각형을 찾으시오.

[08~10] 다음 〈보기〉의 삼각형에 대하여 물음에 답하시오.

┤ 보기 ├

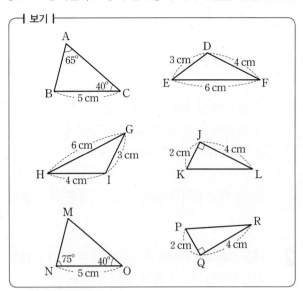

08 세 대응변의 길이가 각각 같으므로 합동인 두 삼각형을 찾아 기호로 나타내시오.

09 두 대응변의 길이가 각각 같고, 그 끼인각의 크기가 같으므로 합동인 두 삼각형을 찾아 기호로 나타내시오.

10 한 대응변의 길이가 같고, 그 양 끝각의 크기가 각각 같으므로 합동인 두 삼각형을 찾아 기호로 나타내시오.

13 합동인 도형의 성질

1 합동인 두 도형에 대한 다음 설명 중 옳지 <u>않은</u> 것은?

① 합동인 두 도형은 넓이가 같다.
② 넓이가 같은 두 사각형은 합동이다.
③ 합동인 두 도형은 대응변의 길이가 서로 같다.
④ 합동인 두 도형은 대응각의 크기가 서로 같다.
⑤ 한 변의 길이가 같은 두 정사각형은 합동이다.

2 다음 그림에서 사각형 ABCD와 사각형 EFGH가 서로 합동일 때, ∠F의 크기를 구하시오.

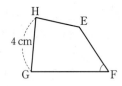

3 아래 그림에서 △ABC≡△DEF일 때, 다음 중 옳지 <u>않은</u> 것은?

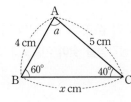
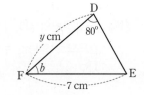

① $\angle a = 80°$ ② $\angle b = 40°$
③ $x = 7$ ④ $y = 4$
⑤ △ABC=△DEF

14 삼각형의 합동 조건

4 다음 그림에서 △ABC≡△EDC일 때, 이 두 삼각형의 합동 조건을 쓰시오.

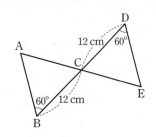

5 다음 삼각형 중에서 오른쪽 그림의 삼각형과 합동인 것은?

①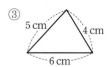
②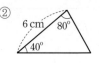
③
④
⑤
6 cm
80° 60°

6 아래 그림의 두 삼각형에 대한 다음 설명 중 옳은 것은?

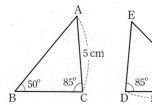
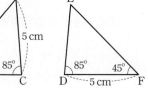

① △ABC≡△EFD이다.
② 두 삼각형의 넓이는 다르다.
③ ∠A=45°이므로 ASA 합동이다.
④ 두 대응변의 길이가 각각 같고 그 끼인각의 크기가 같으므로 SAS 합동이다.
⑤ 한 변의 길이를 알지만 그 양 끝각의 크기를 모두 알 수는 없다.

📝 **꼭** 알아야 할 개념

	1차	2차	시험 직전
합동인 도형의 성질 알기			
삼각형의 합동 조건 알기			

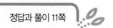

형성 평가

1 다음 중 두 도형이 서로 합동인 것은?

① 넓이가 같은 두 원
② 넓이가 같은 두 마름모
③ 둘레의 길이가 같은 직사각형
④ 한 변의 길이가 같은 두 오각형
⑤ 한 변의 길이가 같은 두 사다리꼴

2 아래 그림에서 $\overline{OA}=\overline{OB}$, $\overline{OC}=\overline{OD}$일 때, 다음 중 옳지 <u>않은</u> 것은?

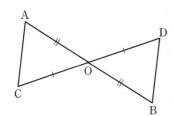

① $\angle AOC=\angle BOD$ ② $\angle OAC=\angle OBD$
③ $\overline{AC}=\overline{BD}$ ④ $\angle ACO=\angle DBO$
⑤ $\triangle AOC\equiv\triangle BOD$

3 다음 중 $\triangle ABC\equiv\triangle DEF$가 되는 조건이 <u>아닌</u> 것은?

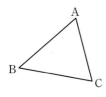 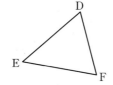

① $\overline{AB}=\overline{DE}$, $\overline{BC}=\overline{EF}$, $\overline{AC}=\overline{DF}$
② $\overline{BC}=\overline{EF}$, $\angle B=\angle E$, $\angle A=\angle D$
③ $\overline{AB}=\overline{DE}$, $\angle B=\angle E$, $\angle A=\angle D$
④ $\overline{AB}=\overline{DE}$, $\overline{BC}=\overline{EF}$, $\angle B=\angle E$
⑤ $\overline{BC}=\overline{EF}$, $\overline{AC}=\overline{DF}$, $\angle A=\angle D$

4 아래 그림과 같이 $\overline{AB}=\overline{DE}$, $\angle A=\angle D$인 두 삼각형 ABC와 DEF가 서로 합동이 되게 하려고 한다. 다음 중에서 더 추가되어야 할 한 가지 조건으로 옳지 <u>않은</u> 것을 모두 고르면? (정답 2개)

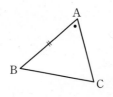 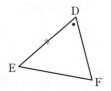

① $\overline{AC}=\overline{DF}$ ② $\overline{BC}=\overline{EF}$ ③ $\angle B=\angle E$
④ $\angle C=\angle F$ ⑤ $\angle A=\angle E$

5 오른쪽 그림에서 $\overline{BC}=\overline{BD}$, $\angle A=\angle E$일 때, $\triangle ABC\equiv\triangle EBD$이다. 이때 사용된 삼각형의 합동 조건을 쓰시오.

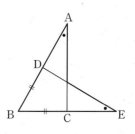

난 풀 수 있다. 고난도!!

도전 고난도

6 다음 그림은 바다 위에 있는 배에서 A 지점까지의 거리를 측정하기 위해 그린 것이다. 배에서 A 지점까지의 거리를 구하시오.

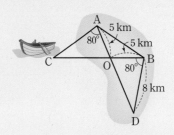

1 오른쪽 그림과 같은 육각뿔에서 교점의 개수를 a, 교선의 개수를 b라고 할 때, 다음 물음에 답하시오.

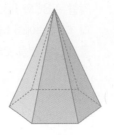

(1) a의 값을 구하시오.

(2) b의 값을 구하시오.

(3) $a+b$의 값을 구하시오.

2 오른쪽 그림에서 $l/\!/m/\!/n$일 때, 다음 물음에 답하시오.

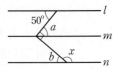

(1) $\angle a$의 크기를 구하시오.

(2) $\angle b$의 크기를 구하시오.

(3) $\angle x$의 크기를 구하시오.

3 길이가 각각 4, 6, x인 세 변으로 삼각형을 만들려고 한다. 다음 물음에 답하시오.

(1) 가장 긴 변의 길이가 6인 삼각형을 만들 때, x의 값의 범위를 구하시오.

(2) 가장 긴 변의 길이가 x인 삼각형을 만들 때, x의 값의 범위를 구하시오.

(3) 삼각형을 만들 수 있는 x의 값의 범위를 구하시오.

4 소민이는 호수의 폭을 구하기 위해 다음과 같은 그림을 이용하기로 하였다. 다음 물음에 답하시오.

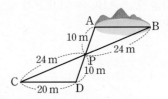

(1) 합동인 삼각형을 찾아 기호로 나타내고, 그때의 합동 조건을 쓰시오.

(2) 호수의 폭 $\overline{AB}$의 길이를 구하시오.

VI 평면도형의 성질

한 장 공부 표		계획하기		학습하기		확인하기	분석하기	추가 학습하기	
	학습 내용	공부할 날짜를 계획해요.		공부한 날짜를 기록해 봐요.		학습 결과를 체크해 봐요.	학습 과정, 학습 결과에 대한 원인을 생각해 볼까요?	학습 결과가 만족스럽지 못하다면 추가 학습을 해 봐요.	
01장	01. 다각형의 대각선의 개수	월	일	월	일	😊 😐 😣 잘함 보통 노력		월	일
02장	02. 다각형의 내각과 외각	월	일	월	일	😊 😐 😣		월	일
03장	핵심 반복 / 형성 평가	월	일	월	일	😊 😐 😣		월	일
04장	03. 다각형의 내각의 크기의 합	월	일	월	일	😊 😐 😣		월	일
05장	04. 다각형의 외각의 크기의 합	월	일	월	일	😊 😐 😣		월	일
06장	핵심 반복 / 형성 평가	월	일	월	일	😊 😐 😣		월	일
07장	05. 원과 부채꼴 06. 부채꼴의 성질	월	일	월	일	😊 😐 😣		월	일
08장	07. 부채꼴의 호의 길이 08. 부채꼴의 넓이	월	일	월	일	😊 😐 😣		월	일
09장	핵심 반복 / 형성 평가 / 쉬운 서술형	월	일	월	일	😊 😐 😣		월	일

09장으로 평면도형의 성질 학습 끝!!

01 다각형의 대각선의 개수

1. 다각형: 선분으로만 둘러싸인 평면도형 ➝ 곡선으로 이루어진 평면도형은 다각형이 아니다.

정다각형: 모든 변의 길이가 같고, 모든 내각의 크기가 같은 다각형

2. 다각형의 대각선: 다각형에서 이웃하지 않는 두 꼭짓점을 이은 선분

　　참고 삼각형에서는 세 꼭짓점이 모두 서로 이웃하고 있어 대각선을 그을 수 없다.

3. 다각형의 대각선의 개수

　　(1) n각형의 한 꼭짓점에서 그을 수 있는 대각선의 개수: $n-3$

　　(2) n각형의 대각선의 개수: $\dfrac{n(n-3)}{2}$

　　예 오각형의 한 꼭짓점에서 그을 수 있는 대각선은
　　　　$5-3=2$(개)이고, 오각형의 대각선의 개수는
　　　　$\dfrac{5\times(5-3)}{2}=5$이다.

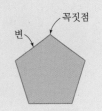

정답과 풀이 13쪽

[01~04] 다음 다각형의 한 꼭짓점 A에서 대각선을 그어
보고, □ 안에 알맞은 수를 쓰시오.

01 사각형의 한 꼭짓점에서 그
을 수 있는 대각선의 개수는
□ 이다.

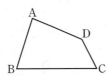

　　 다각형의 대각선은 이웃하지 않는 두 꼭짓점을 이은 선분이다.

02 육각형의 한 꼭짓점에서 그을
수 있는 대각선의 개수는
□ 이다.

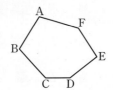

03 팔각형의 한 꼭짓점에서 그을
수 있는 대각선의 개수는
□ 이다.

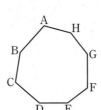

04 구각형의 한 꼭짓점에서 그을
수 있는 대각선의 개수는
□ 이다.

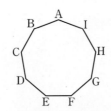

[05~08] 다음은 주어진 다각형의 대각선의 개수를 구하는
과정이다. □ 안에 알맞은 수를 쓰시오.

05 칠각형의 한 꼭짓점에서 그을 수 있는 대각선의 개
수는 □ 이고, 칠각형의 대각선의 개수는
$\dfrac{\boxed{}(\boxed{}-3)}{2}=\boxed{}$ 이다.

06 십각형의 한 꼭짓점에서 그을 수 있는 대각선의 개
수는 □ 이고, 십각형의 대각선의 개수는
$\dfrac{\boxed{}(\boxed{}-3)}{2}=\boxed{}$ 이다.

07 십이각형의 한 꼭짓점에서 그을 수 있는 대각선의
개수는 □ 이고, 십이각형의 대각선의 개수는
$\dfrac{\boxed{}(\boxed{}-3)}{2}=\boxed{}$ 이다.

08 십오각형의 한 꼭짓점에서 그을 수 있는 대각선의
개수는 □ 이고, 십오각형의 대각선의 개수는
$\dfrac{\boxed{}(\boxed{}-3)}{2}=\boxed{}$ 이다.

[09~18] 다음 다각형의 대각선의 개수를 구하시오.

09 정오각형

TIP
n각형의 대각선의 개수 : $\frac{n(n-3)}{2}$

10 정육각형

11 구각형

12 십일각형

13 십삼각형

14 십사각형

15 십육각형

16 정이십각형

17 이십삼각형

18 삼십각형

[19~25] 다음 설명 중 옳은 것에는 ○표, 틀린 것에는 ×표를 하시오.

19 모든 다각형은 대각선을 그을 수 있다. (　　　)

20 십이각형의 한 꼭짓점에서 그을 수 있는 대각선의 개수는 9이다. (　　　)

21 이십사각형의 한 꼭짓점에서 그을 수 있는 대각선의 개수는 20이다. (　　　)

22 한 꼭짓점에서 그을 수 있는 대각선의 개수가 14인 다각형은 십육각형이다. (　　　)

23 한 꼭짓점에서 그을 수 있는 대각선의 개수가 22인 다각형은 이십오각형이다. (　　　)

24 십구각형의 대각선의 개수는 152이다. (　　　)

25 이십팔각형의 대각선의 개수는 700이다. (　　　)

02 다각형의 내각과 외각

1. 다각형의 내각과 외각

(1) 내각 : 이웃하는 두 변으로 이루어진 내부의 각

(2) 외각 : 한 변과 그 변에 이웃하는 변의 연장선이 이루는 각

(3) 한 꼭짓점에서의 내각과 외각의 크기의 합은 180°이다.

참고 다각형에서 한 내각의 외각은 2개이지만 맞꼭지각으로 그 크기가 같으므로 하나만 생각한다.

2. 삼각형의 내각과 외각의 성질

(1) 삼각형의 세 내각의 크기의 합은 180°이다.

(2) 삼각형의 한 외각의 크기는 그와 이웃하지 않는 두 내각의 크기의 합과 같다.

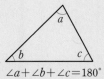

$\angle a + \angle b + \angle c = 180°$

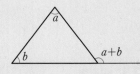

$a+b$

정답과 풀이 14쪽

01 오른쪽 그림의 삼각형 ABC에서 ∠BAC의 외각의 크기를 구하시오.

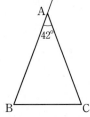

> **TIP** 한 꼭짓점에서 내각과 외각의 크기의 합은 180°이다.

02 오른쪽 그림의 사각형 ABCD에서 ∠BAD의 외각의 크기를 구하시오.

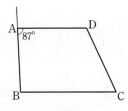

[03~04] 오른쪽 그림의 오각형 ABCDE에서 다음을 구하시오.

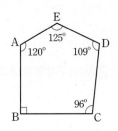

03 ∠A의 외각

04 ∠D의 외각

[05~07] 다음은 삼각형 ABC에서 한 내각의 크기를 구하는 과정이다. □ 안에 알맞은 수를 쓰시오.

05

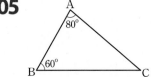

$80° + 60° + \angle C = \boxed{}$ 이므로

$\angle C = \boxed{}$

06

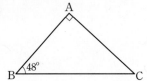

$90° + 48° + \angle C = \boxed{}$ 이므로

$\angle C = \boxed{}$

07

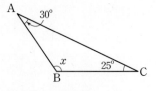

$30° + 25° + \angle x = \boxed{}$ 이므로

$\angle x = \boxed{}$

[08~11] 다음은 삼각형 ABC에서 한 외각의 크기를 구하는 과정이다. □ 안에 알맞은 것을 쓰시오.

08

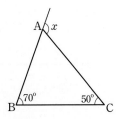

삼각형의 한 외각의 크기는 그와 이웃하지 않는 두 □ 의 크기의 합과 같으므로

$\angle x = 70° + 50° = $ □

09

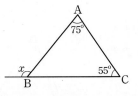

$\angle x = \angle A + $ □

$\quad = $ □ $+$ □

$\quad = $ □

10

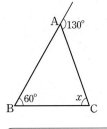

$\angle x + 60° = $ □ 이므로

$\angle x = $ □

11

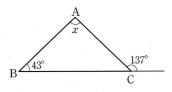

$\angle x + $ □ $= 137°$ 이므로

$\angle x = $ □

[12~16] 다음과 같은 삼각형 ABC에서 ∠x의 크기를 구하시오.

12

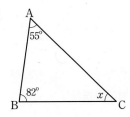

13

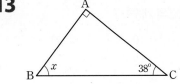

14

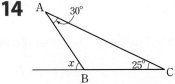

TIP 삼각형에서 한 외각의 크기와 그와 이웃하지 않는 두 내각의 크기 사이의 관계를 이용한다.

15

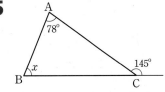

16

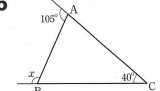

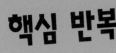

핵심 반복

정답과 풀이 14쪽

01 다각형의 대각선의 개수

1 다음 중 한 꼭짓점에서 그을 수 있는 대각선의 개수가 4인 다각형은?

① 오각형   ② 육각형   ③ 칠각형
④ 정팔각형   ⑤ 정구각형

2 육각형의 대각선의 개수는?

① 9   ② 10   ③ 11
④ 12   ⑤ 13

02 다각형의 내각과 외각

3 다음 그림의 사각형 ABCD에서 ∠ABE의 내각의 크기는?

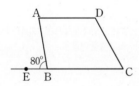

① $80°$ ② $90°$ ③ $100°$
④ $110°$ ⑤ $120°$

4 오른쪽 그림의 오각형에서 ∠CDE의 외각의 크기는?

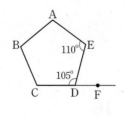

① $75°$ ② $80°$
③ $85°$ ④ $90°$
⑤ $95°$

5 오른쪽 그림의 삼각형 ABC에서 ∠x의 크기는?

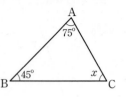

① $30°$ ② $40°$
③ $50°$ ④ $60°$
⑤ $70°$

6 오른쪽 그림의 삼각형 ABC에서 ∠x의 크기는?

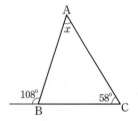

① $30°$ ② $40°$
③ $50°$ ④ $60°$
⑤ $70°$

7 오른쪽 그림의 삼각형 ABC에서 ∠x의 크기를 구하시오.

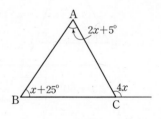

꼭 알아야 할 개념

	1차	2차	시험 직전
다각형의 대각선의 개수 구하기			
다각형의 내각의 크기 구하기			
다각형의 외각의 크기 구하기			

1 오른쪽 그림과 같은 사각형 ABCD에 대하여 다음 설명 중 옳은 것은?

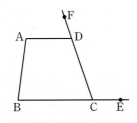

① ∠ABC+∠ADC=180°
② ∠DCB+∠DCE=180°
③ ∠ADC의 외각은 ∠DCE이다.
④ ∠BCD의 외각은 ∠BAD이다.
⑤ 변 AB와 변 BC로 이루어진 내각은 ∠BAD이다.

2 한 꼭짓점에서 그을 수 있는 대각선의 개수가 5인 다각형의 대각선의 개수는?

① 9   ② 14   ③ 20
④ 27   ⑤ 35

3 대각선의 개수가 27인 다각형은?

① 육각형   ② 칠각형   ③ 팔각형
④ 구각형   ⑤ 십각형

4 다음 그림에서 ∠x+∠y의 크기를 구하시오.

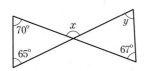

5 오른쪽 그림에서 ∠A=35°, ∠B=40°, ∠DCB=30°일 때, ∠x의 크기는?

① 35°   ② 45°
③ 55°   ④ 65°
⑤ 75°

6 오른쪽 그림에서 ∠B=40°, ∠BAD=35°, ∠ACE=120°일 때, ∠x의 크기는?

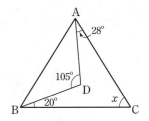

① 35°   ② 45°   ③ 55°
④ 65°   ⑤ 75°

7 오른쪽 그림에서 ∠x의 크기를 구하시오.

난 풀 수 있다. 고난도!!

도전 고난도

8 다음 그림에서 ∠x의 크기를 구하시오.

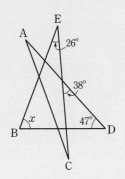

03 다각형의 내각의 크기의 합

1. n각형의 한 꼭짓점에서 대각선을 모두 그었을 때 나누어지는
삼각형의 개수: $n-2$

2. n각형의 내각의 크기의 합: $180° \times (n-2)$

3. 정n각형의 한 내각의 크기: $\dfrac{180° \times (n-2)}{n}$ ⟶ 정다각형은 내각의 크기가 모두 같다.

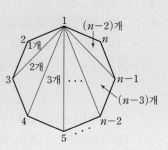

　예 오각형의 한 꼭짓점에서 그은 대각선에 의해 나누어지는
　　삼각형의 개수: $5-2=3$
　　오각형의 내각의 크기의 합: $180° \times (5-2)=540°$
　　정오각형의 한 내각의 크기: $\dfrac{540°}{5}=108°$

정답과 풀이 15쪽

[01~03] 다음은 다각형의 내각의 크기의 합을 구하는 과정이다. ☐ 안에 알맞은 수를 쓰시오.

01 육각형의 한 꼭짓점에서 대각선을 모두 그으면

$$\boxed{}-2=\boxed{}\text{(개)}$$

의 삼각형으로 나누어지므로
육각형의 내각의 크기의 합은

$$180° \times \boxed{} = \boxed{}$$

> **TIP** n각형의 내각의 크기의 합은 $180° \times (n-2)$이다.

02 팔각형의 내각의 크기의 합은

$$180° \times (8-\boxed{})$$
$$=180° \times \boxed{}$$
$$=\boxed{}$$

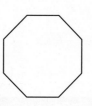

03 구각형의 내각의 크기의 합은

$$180° \times (9-\boxed{})$$
$$=180° \times \boxed{}$$
$$=\boxed{}$$

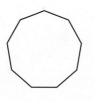

[04~05] 다음은 내각의 크기의 합이 주어진 다각형을 구하는 과정이다. ☐ 안에 알맞은 것을 쓰시오.

04 내각의 크기의 합이 $720°$인 다각형

> n각형이라고 하면
> $$180° \times (n-\boxed{})=720°$$
> $$n-\boxed{}=4\text{이므로 } n=\boxed{}$$
> 따라서 구하는 다각형은 $\boxed{}$이다.

05 내각의 크기의 합이 $1260°$인 다각형

> n각형이라고 하면
> $$180° \times (n-2)=\boxed{}$$
> $$n-2=\boxed{}\text{이므로 } n=\boxed{}$$
> 따라서 구하는 다각형은 $\boxed{}$이다.

[06~07] 내각의 크기의 합이 다음과 같은 다각형을 구하시오.

06 $1440°$

07 $1800°$

[08~09] 다음은 정다각형의 한 내각의 크기를 구하는 과정이다. □ 안에 알맞은 수를 쓰시오.

08 정육각형

$$(\text{한 내각의 크기})=\frac{180°\times(6-\boxed{})}{\boxed{}}$$

$$=\frac{180°\times\boxed{}}{\boxed{}}=\boxed{}$$

> **TIP** 정다각형의 내각의 크기는 모두 같다.

09 정십이각형

$$(\text{한 내각의 크기})=\frac{180°\times(12-\boxed{})}{\boxed{}}$$

$$=\frac{180°\times\boxed{}}{\boxed{}}=\boxed{}$$

[10~11] 다음 정다각형의 한 내각의 크기를 구하시오.

10 정십오각형

11 정이십각형

[12~13] 다음은 내각의 크기가 주어진 도형에서 $\angle x$의 크기를 구하는 과정이다. □ 안에 알맞은 수를 쓰시오.

12 오각형의 내각의 크기의 합은

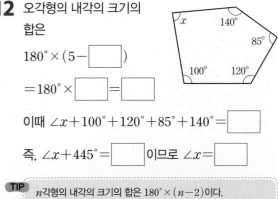

$$180°\times(5-\boxed{})$$

$$=180°\times\boxed{}=\boxed{}$$

이때 $\angle x+100°+120°+85°+140°=\boxed{}$

즉, $\angle x+445°=\boxed{}$ 이므로 $\angle x=\boxed{}$

> **TIP** n각형의 내각의 크기의 합은 $180°\times(n-2)$이다.

13 육각형의 내각의 크기의 합은

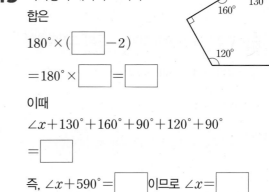

$$180°\times(\boxed{}-2)$$

$$=180°\times\boxed{}=\boxed{}$$

이때

$$\angle x+130°+160°+90°+120°+90°$$

$$=\boxed{}$$

즉, $\angle x+590°=\boxed{}$ 이므로 $\angle x=\boxed{}$

[14~15] 다음 도형에서 $\angle x$의 크기를 구하시오.

14

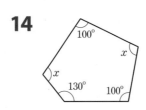

15

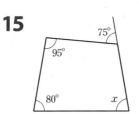

04 다각형의 외각의 크기의 합

1. n각형의 외각의 크기의 합: $360°$

2. 정n각형의 한 외각의 크기: $\dfrac{360°}{n}$

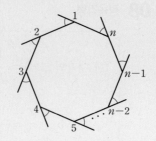

예 정오각형의 외각의 크기의 합은 $360°$이므로 정오각형의 한 외각의
크기는 $\dfrac{360°}{5}=72°$이다.

참고 (n각형의 외각의 크기의 합)
$=180°\times n-(n각형의\ 내각의\ 크기의\ 합)$
$=180°\times n-180°\times(n-2)$
$=180°\times n-180°\times n+180°\times 2$
$=360°$

정답과 풀이 16쪽

[01~03] 다음은 다각형의 외각의 크기의 합을 구하는 과정이다. □ 안에 알맞은 것을 쓰시오.

01 (사각형의 외각의 크기의 합)

$=180°\times 4-(사각형의\ \boxed{}\ 의\ 크기의\ 합)$

$=180°\times 4-180°\times(4-\boxed{})$

$=\boxed{}$

TIP 다각형의 외각의 크기의 합은 항상 $360°$이다.

02 (육각형의 외각의 크기의 합)

$=180°\times 6-(육각형의\ \boxed{}\ 의\ 크기의\ 합)$

$=180°\times 6-180°\times(\boxed{}-2)$

$=\boxed{}$

03 (십이각형의 외각의 크기의 합)

$=180°\times\boxed{}-(십이각형의\ 내각의\ 크기의\ 합)$

$=180°\times\boxed{}-180°\times(\boxed{}-2)$

$=\boxed{}$

[04~07] 다음은 정다각형의 한 외각의 크기를 구하는 과정이다. □ 안에 알맞은 수를 쓰시오.

04 (정오각형의 한 외각의 크기)

$=\dfrac{360°}{\boxed{}}=\boxed{}$

TIP 정다각형의 외각의 크기는 모두 같다.

05 (정육각형의 한 외각의 크기)

$=\dfrac{360°}{\boxed{}}=\boxed{}$

06 (정팔각형의 한 외각의 크기)

$=\dfrac{\boxed{}}{8}=\boxed{}$

07 (정십각형의 한 외각의 크기)

$=\dfrac{\boxed{}}{10}=\boxed{}$

[08~12] 한 외각의 크기가 다음과 같은 정다각형을 구하시오.

08 30°

09 36°

10 45°

11 60°

12 72°

[13~14] 다음은 한 내각의 크기가 주어진 정다각형을 구하기 위해 한 외각의 크기를 이용하는 과정이다. □ 안에 알맞은 것을 쓰시오.

13 한 내각의 크기가 150°인 정다각형

(한 외각의 크기)=180°− □ = □

$\dfrac{360°}{n}=$ □ 이므로 $n=$ □

따라서 구하는 다각형은 □ 이다.

14 한 내각의 크기가 60°인 정다각형

(한 외각의 크기)=180°− □ = □

$\dfrac{360°}{n}=$ □ 이므로 $n=$ □

따라서 구하는 다각형은 □ 이다.

15 다음 그림에서 $\angle a+\angle b+\angle c+\angle d+\angle e+\angle f$ 의 크기를 구하시오.

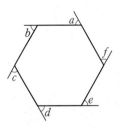

[16~19] 다음 그림에서 $\angle x$의 크기를 구하시오.

16

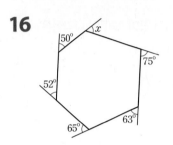

17

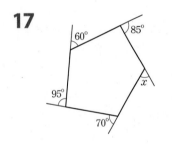

18

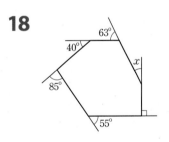

19

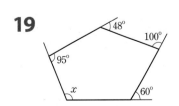

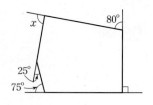
03 다각형의 내각의 크기의 합

1 십이각형의 내각의 크기의 합은?

① 1620°   ② 1800°   ③ 1980°

④ 2160°   ⑤ 2340°

2 다음 중 내각의 크기의 합이 900°인 다각형은?

① 칠각형   ② 팔각형   ③ 구각형

④ 십각형   ⑤ 십일각형

3 오른쪽 그림에서 $\angle x$의 크기는?

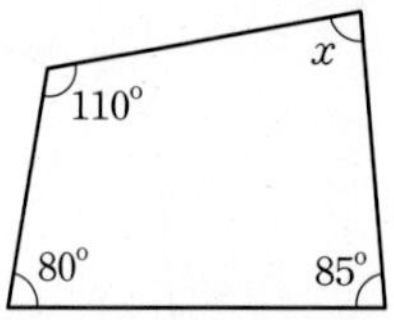

① 65°   ② 70°

③ 75°   ④ 80°

⑤ 85°

04 다각형의 외각의 크기의 합

4 정십오각형의 한 외각의 크기는?

① 15°   ② 20°   ③ 24°

④ 30°   ⑤ 36°

5 오른쪽 그림에서 $\angle x$의 크기는?

① 80°

② 85°

③ 90°

④ 95°

⑤ 100°

6 오른쪽 그림에서 $\angle x$의 크기는?

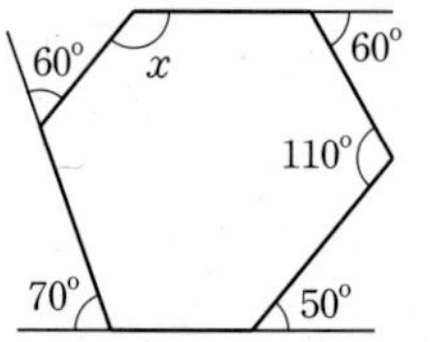

① 110°

② 120°

③ 130°

④ 140°

⑤ 150°

7 정이십각형의 한 내각의 크기와 한 외각의 크기의 비는?

① 6 : 1   ② 7 : 1   ③ 8 : 1

④ 9 : 1   ⑤ 10 : 1

꼭 알아야 할 개념

	1차	2차	시험 직전
다각형의 내각의 크기의 합 구하기			
다각형의 외각의 크기의 합 구하기			
정다각형의 한 내각 또는 한 외각의 크기 구하기			

1 다음 중 내각의 크기의 합이 1260°인 정다각형에 대한 설명으로 옳은 것은?

① 변의 개수는 10이다.
② 대각선의 개수는 35이다.
③ 한 외각의 크기는 36°이다.
④ 한 내각의 크기는 140°이다.
⑤ 한 꼭짓점에서 그을 수 있는 대각선의 개수는 7이다.

2 한 꼭짓점에서 그을 수 있는 대각선의 개수가 12인 정다각형의 한 내각의 크기는?

① 135°　　② 140°　　③ 144°
④ 150°　　⑤ 156°

3 오른쪽 그림과 같은 정육각형에서 $\angle x + \angle y$의 크기는?

① 100°　　② 110°
③ 120°　　④ 130°
⑤ 140°

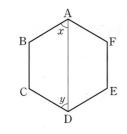

4 한 내각의 크기와 한 외각의 크기의 비가 5 : 1인 정다각형을 구하시오.

5 다음 그림에서 $\angle x$의 크기를 구하시오.

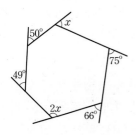

6 다음 그림에서 $\angle a + \angle b + \angle c + \angle d + \angle e$의 크기는?

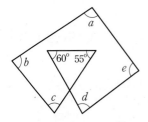

① 415°　　② 420°　　③ 425°
④ 430°　　⑤ 435°

7 한 외각의 크기가 72°인 정다각형의 변의 개수를 a, 내각의 크기의 합이 1440°인 다각형의 변의 개수를 b라고 할 때, a, b의 값을 각각 구하시오.

난 풀 수 있다. 고난도!!

도전 고난도

8 다음 그림은 한 변의 길이가 같은 정육각형 ABCDEF와 정오각형 FEGHI의 한 변을 붙인 것이다. 변 AB의 연장선과 변 HI의 연장선이 만나 이루는 각의 크기를 구하시오.

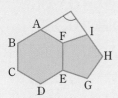

1. **원:** 평면 위의 한 점으로부터 일정한 거리에 있는 모든 점들로 이루어진 도형

2. **호 AB:** 원 위의 두 점을 양 끝점으로 하는 원의 일부분
   ➡ 기호: $\overset{\frown}{AB}$

3. **현:** 원 위의 두 점을 이은 선분

4. **할선:** 원 위의 두 점을 이은 직선

5. **부채꼴 AOB:** 원의 두 반지름 OA, OB와 호 AB로 이루어진 도형

6. **호 AB에 대한 중심각:** 두 반지름 OA, OB가 이루는 각 ⟶ 부채꼴 AOB의 중심각이기도 하다.

7. **활꼴:** 원에서 현과 호로 이루어진 도형

   참고 반원은 중심각의 크기가 180°인 부채꼴이면서 활꼴이다.

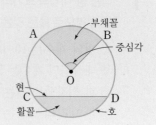

정답과 풀이 17쪽

[01~03] 다음 원 O에서 □ 안에 알맞은 것을 쓰시오.

01 원 위의 두 점 A, B를 양 끝점으로 하는 원의 일부분을 □AB라 하고, 기호로 □와 같이 나타낸다.

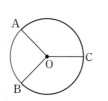

02 원 위의 두 점 A, D를 이은 선분을 □AD라 하고, 원 위의 두 점을 지나는 직선 BC를 □이라고 한다.
또, 현 AD와 $\overset{\frown}{AD}$로 이루어진 도형을 □이라고 한다.

03 원의 두 반지름 OA, OB와 $\overset{\frown}{AB}$로 이루어진 도형을 □AOB, ∠AOB를 $\overset{\frown}{AB}$에 대한 □이라고 한다.

[04~09] 오른쪽 그림과 같은 원 O에서 다음을 기호로 나타내시오.

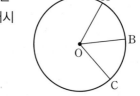

04 $\overset{\frown}{AB}$에 대한 중심각

TIP 중심각은 두 반지름이 이루는 각이다.

05 $\overset{\frown}{BC}$에 대한 중심각

06 ∠AOB에 대한 호

07 ∠AOC에 대한 호

08 부채꼴 AOB의 중심각

09 부채꼴 BOC의 중심각

06 부채꼴의 성질

1. 한 원에서 중심각의 크기가 같은 두 부채꼴은
   (1) 현의 길이가 서로 같다.
   (2) 호의 길이가 서로 같다.
   (3) 넓이가 서로 같다.

2. 한 원에서
   (1) 호의 길이가 같은 두 부채꼴은 중심각의 크기가 서로 같다.
   (2) 넓이가 같은 두 부채꼴은 중심각의 크기가 서로 같다.

3. 한 원에서
   (1) 부채꼴의 호의 길이는 중심각의 크기에 정비례한다.
   (2) 부채꼴의 넓이는 중심각의 크기에 정비례한다.
   참고 원에서 현의 길이는 중심각의 크기에 정비례하지 않는다.

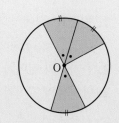

정답과 풀이 17쪽

[01~07] 오른쪽 그림과 같은 원 O 위의 점 A, B, C, D, E 에 대하여
$\angle AOB = \angle COD = \angle DOE$
일 때, 다음 중 옳은 것에는 ○표, 옳지 않은 것에는 ×표를 하시오.

01 $\overparen{AB} = \overparen{CD}$ ( )

02 $\overparen{BC} = \overparen{CD}$ ( )

03 $\overparen{CE} = 2\overparen{AB}$ ( )

04 부채꼴 COD와 부채꼴 DOE의 넓이는 같다. ( )

05 부채꼴 COE의 넓이는 부채꼴 AOE의 넓이의 2배이다. ( )

06 $\overline{AB} = \overline{DE}$ ( )

07 $\overline{CE} = 2\overline{AB}$ ( )

[08~12] 다음 그림에서 x의 값을 구하시오.

08

09

10

11

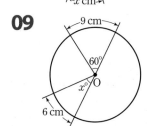

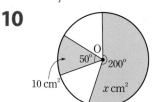

12

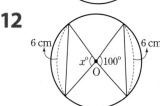

07 부채꼴의 호의 길이

1. **원주율**: 원에서 지름의 길이에 대한 원주의 비의 값 ➡ **기호**: π → 원주율은 항상 일정한 값을 가진다.
   → 원주를 원의 지름의 길이로 나누어 구한다.
   참고 $\pi = 3.141592\cdots$

2. 반지름의 길이가 r인 원에서 원주는 $2\pi r$이다.

3. 반지름의 길이가 r, 중심각의 크기가 $x°$인 부채꼴의 호의 길이 l은

$$l = 2\pi r \times \frac{x}{360}$$ → 부채꼴의 호의 길이는 중심각의 크기에 정비례한다.

예 반지름의 길이가 8 cm이고, 중심각의 크기가 45°인 부채꼴의 호의 길이는

$$2\pi \times 8 \times \frac{45}{360} = 2\pi \,(\text{cm})$$

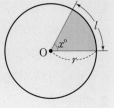
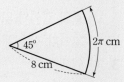

정답과 풀이 18쪽

[01~02] 다음은 부채꼴의 호의 길이를 구하는 과정이다. □ 안에 알맞은 수를 쓰시오.

01 부채꼴의 반지름의 길이가 □ cm, 중심각의 크기가 □°이므로 부채꼴의 호의 길이는

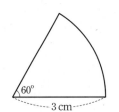

$$2\pi \times \boxed{} \times \frac{\boxed{}}{360} = \boxed{} \,(\text{cm})$$

02 부채꼴의 반지름의 길이가 □ cm, 중심각의 크기가 □°이므로 부채꼴의 호의 길이는

$$2\pi \times \boxed{} \times \frac{\boxed{}}{360} = \boxed{} \,(\text{cm})$$

03 반지름의 길이가 4 cm이고, 중심각의 크기가 45°인 부채꼴의 호의 길이를 구하시오.

[04~05] 다음 □ 안에 알맞은 수를 쓰시오.

04 반지름의 길이가 6 cm이고, 호의 길이가 3π cm인 부채꼴에서 중심각의 크기를 $x°$라고 하면

$$2\pi \times \boxed{} \times \frac{x}{360} = \boxed{}$$

따라서 $x = \boxed{}$

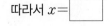

TIP 구하고자 하는 값을 x로 놓고 식을 세운다.

05 중심각의 크기가 150°이고, 호의 길이가 5π cm인 부채꼴에서 반지름의 길이를 r cm라고 하면

$$2\pi \times r \times \frac{\boxed{}}{360} = \boxed{} \,(\text{cm})$$

따라서 $r = \boxed{}$

06 반지름의 길이가 10 cm이고, 호의 길이가 10π cm인 부채꼴의 중심각의 크기를 구하시오.

07 중심각의 크기가 30°이고, 호의 길이가 6π cm인 부채꼴의 반지름의 길이를 구하시오.

1. 반지름의 길이가 r인 원의 넓이는 πr^2이다.

2. 반지름의 길이가 r, 중심각의 크기가 $x°$인 부채꼴의 넓이 S는

$$S = \pi r^2 \times \frac{x}{360}$$ → 호의 길이는 중심각의 크기에 정비례한다.

3. 반지름의 길이가 r, 호의 길이가 l인 부채꼴의 넓이 S는

$$S = \frac{1}{2}rl$$

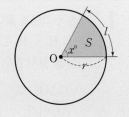

참고 $S = \pi r^2 \times \dfrac{x}{360} = \left(\dfrac{r}{2} \times 2\pi r\right) \times \dfrac{x}{360} = \dfrac{r}{2} \times \left(2\pi r \times \dfrac{x}{360}\right) = \dfrac{r}{2} \times l = \dfrac{1}{2}rl$

예 반지름의 길이가 8 cm이고, 중심각의 크기가 45°인 부채꼴의 넓이는

$$\pi \times 8^2 \times \frac{45}{360} = \pi \times 8^2 \times \frac{1}{8} = 8\pi\,(\text{cm}^2)$$

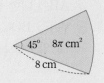

정답과 풀이 18쪽

[01~03] 다음은 부채꼴의 넓이를 구하는 과정이다. □ 안에 알맞은 수를 쓰시오.

01 부채꼴의 반지름의 길이가

 ☐ cm, 중심각의 크기가

 ☐ °이므로

부채꼴의 넓이는

$\pi \times \boxed{}^2 \times \dfrac{\boxed{}}{360} = \boxed{}\,(\text{cm}^2)$

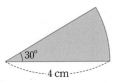

02 부채꼴의 반지름의 길이

가 ☐ cm, 중심각의

크기가 ☐ °이므로

부채꼴의 넓이는

$\pi \times \boxed{}^2 \times \dfrac{\boxed{}}{360} = \boxed{}\,(\text{cm}^2)$

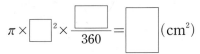

03 부채꼴의 반지름의 길이

가 ☐ cm, 호의 길이

가 ☐ cm이므로

부채꼴의 넓이는

$\dfrac{1}{2} \times \boxed{} \times 4\pi = \boxed{}\,(\text{cm}^2)$

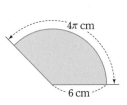

[04~05] 다음 □ 안에 알맞은 수를 쓰시오.

04 반지름의 길이가 5 cm이고, 넓이가 5π cm²인 부채꼴에서 중심각의 크기를 $x°$라고 하면

$\pi \times \boxed{}^2 \times \dfrac{x}{360} = \boxed{}$

따라서 $x = \boxed{}$

TIP 구하고자 하는 값을 x로 놓고 식을 세운다.

05 호의 길이가 8π cm이고, 넓이가 32π cm²인 부채꼴에서 반지름의 길이를 r cm라고 하면

$\dfrac{1}{2} \times r \times \boxed{} = \boxed{}\,(\text{cm}^2)$

따라서 $r = \boxed{}$

06 반지름의 길이가 9 cm이고, 넓이가 27π cm²인 부채꼴의 중심각의 크기를 구하시오.

07 호의 길이가 4π cm이고, 넓이가 16π cm²인 부채꼴의 반지름의 길이를 구하시오.

앞에서 배운 개념을 문제로 정리해 보자.

핵심 반복

05 원과 부채꼴

1 오른쪽 그림과 같이 원 O 위에 세 점 A, B, C가 있을 때, 다음 중 옳지 <u>않은</u> 것은?

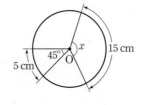

① ∠AOC에 대한 호는 $\widehat{AC}$이다.
② ∠AOB에 대한 현은 $\overline{AB}$이다.
③ $\widehat{AB}$에 대한 중심각은 ∠AOB이다.
④ 부채꼴 BOC의 중심각은 ∠BOC이다.
⑤ $\widehat{BC}$와 $\overline{BC}$로 둘러싸인 도형은 부채꼴이다.

06 부채꼴의 성질

2 오른쪽 그림과 같은 원 O에서 ∠x의 크기는?

① 130°　② 135°
③ 140°　④ 145°
⑤ 150°

3 오른쪽 그림과 같은 원 O의 넓이가 12π cm²일 때, 부채꼴 AOB의 넓이는?

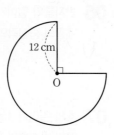

① 2π cm²　② 3π cm²
③ 4π cm²　④ 5π cm²
⑤ 6π cm²

07 부채꼴의 호의 길이

4 오른쪽 그림과 같은 부채꼴의 호의 길이는?

① 12π cm
② 18π cm
③ 24π cm
④ 50π cm
⑤ 108π cm

5 오른쪽 그림과 같은 부채꼴의 중심각의 크기는?

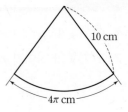

① 36°　② 48°
③ 59°　④ 64°
⑤ 72°

08 부채꼴의 넓이

6 오른쪽 그림과 같은 부채꼴의 넓이는?

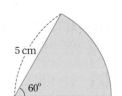

① 4π cm²
② $\frac{25}{6}\pi$ cm²
③ $\frac{13}{3}\pi$ cm²
④ $\frac{9}{2}\pi$ cm²
⑤ $\frac{14}{3}\pi$ cm²

7 반지름의 길이가 3 cm이고, 넓이가 6π cm²인 부채꼴의 중심각의 크기는?

① 180°　② 210°　③ 240°
④ 270°　⑤ 300°

꼭 알아야 할 개념

	1차	2차	시험 직전
부채꼴의 성질 이해하기			
부채꼴의 호의 길이 구하기			
부채꼴의 넓이 구하기			

1 오른쪽 그림의 원 O에서 x의 값은?

① 5
② 5.5
③ 6
④ 6.5
⑤ 7

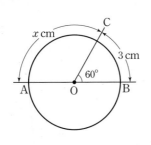

2 오른쪽 그림의 원 O에서 $\overline{AC}\,/\!/\,\overline{OD}$이고, $\angle DOB=30°$, $\widehat{BD}=2$ cm일 때, $\widehat{AC}$의 길이는?

① 6 cm　　② 7 cm　　③ 8 cm
④ 9 cm　　⑤ 10 cm

3 오른쪽 그림의 원 O에서 $\widehat{AB}=\widehat{BC}$일 때, 다음 설명 중 옳지 <u>않은</u> 것은?

① $\angle AOB=\angle BOC$
② $\overline{AB}=\overline{BC}$
③ $\overline{AC}=2\overline{AB}$
④ $\triangle AOB$와 $\triangle BOC$의 넓이는 서로 같다.
⑤ 부채꼴 AOB와 부채꼴 BOC의 넓이는 서로 같다.

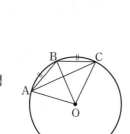

4 반지름의 길이가 6 cm이고, 넓이가 6π cm²인 부채꼴의 호의 길이와 중심각의 크기를 차례로 옳게 구한 것은?

① 2π cm, 60°　　② 2π cm, 90°
③ 3π cm, 60°　　④ 3π cm, 90°
⑤ 4π cm, 60°

5 오른쪽 그림에서 색칠한 부분의 넓이는?

① $\dfrac{5}{3}\pi$ cm²
② $\dfrac{7}{3}\pi$ cm²
③ $\dfrac{10}{3}\pi$ cm²
④ 5π cm²
⑤ 10π cm²

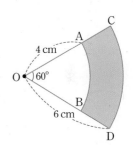

난 풀 수 있다. 고난도!!

도전 고난도

6 다음 그림에서 원 O의 둘레의 길이가 24π cm이고, $\angle AOB : \angle BOC : \angle COA=3 : 4 : 5$일 때, $\widehat{BC}$의 길이를 구하시오.

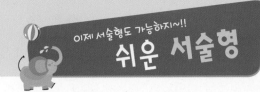
1 한 내각의 크기가 120°인 정다각형에 대하여 다음 물음에 답하시오.

(1) 한 외각의 크기를 구하시오.
(2) 변의 개수를 구하시오.
(3) 한 꼭짓점에서 그을 수 있는 대각선의 개수를 구하시오.
(4) 대각선의 개수를 구하시오.

 풀이

2 다음 그림에 대하여 물음에 답하시오.

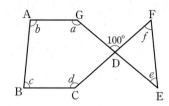

(1) $\angle a + \angle b + \angle c + \angle d$의 크기를 구하시오.
(2) $\angle e + \angle f$의 크기를 구하시오.
(3) $\angle a + \angle b + \angle c + \angle d + \angle e + \angle f$의 크기를 구하시오.

 풀이

3 아래 그림은 호의 길이가 6π cm이고 넓이가 24π cm²인 부채꼴이다. 다음 물음에 답하시오.

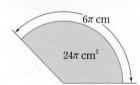

(1) 부채꼴의 반지름의 길이를 구하시오.
(2) 부채꼴의 중심각의 크기를 구하시오.

 풀이

4 오른쪽 그림의 색칠한 부분에 대하여 다음 물음에 답하시오.

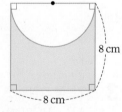

(1) 정사각형의 넓이를 구하시오.
(2) 반원의 넓이를 구하시오.
(3) 색칠한 부분의 넓이를 구하시오.

 풀이

입체도형의 성질

	한 장 공부 표	계획하기	학습하기	확인하기	분석하기	추가 학습하기
	학습 내용					
01장	01. 다면체	월 일	월 일	😊 😐 😣 잘함 보통 노력		월 일
02장	02. 정다면체	월 일	월 일	😊 😐 😣		월 일
03장	03. 회전체	월 일	월 일	😊 😐 😣		월 일
04장	04. 회전체의 성질	월 일	월 일	😊 😐 😣		월 일
05장	핵심 반복 / 형성 평가	월 일	월 일	😊 😐 😣		월 일
06장	05. 기둥의 겉넓이	월 일	월 일	😊 😐 😣		월 일
07장	06. 기둥의 부피	월 일	월 일	😊 😐 😣		월 일
08장	핵심 반복 / 형성 평가	월 일	월 일	😊 😐 😣		월 일
09장	07. 뿔의 겉넓이	월 일	월 일	😊 😐 😣		월 일
10장	08. 뿔의 부피	월 일	월 일	😊 😐 😣		월 일
11장	핵심 반복 / 형성 평가	월 일	월 일	😊 😐 😣		월 일
12장	09. 구의 겉넓이와 부피	월 일	월 일	😊 😐 😣		월 일
13장	핵심 반복 / 형성 평가 / 쉬운 서술형	월 일	월 일	😊 😐 😣		월 일

공부할 날짜를 계획해 봐요.

공부한 날짜를 기록해 봐요.

학습 결과를 체크해 봐요.

학습 과정, 학습 결과에 대한 원인을 생각해 볼까요?

학습 결과가 만족스럽지 못하다면 추가 학습을 해 봐요.

13장으로 입체도형의 성질 학습 끝!!

다면체

학습날짜 :   월   일 / 학습결과 : 😊 😐 😟

겨냥도는 입체도형의 보이지 않는 모서리를 점선으로 표시한 그림이다.

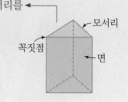

1. 다면체: 다각형인 면으로만 둘러싸인 입체도형

참고 다면체는 면의 개수에 따라 사면체, 오면체, 육면체, …라고 한다.

2. 각기둥: 두 밑면이 서로 평행하고 합동인 다각형이며, 옆면은 모두 직사각형인 다면체

참고 직육면체는 두 밑면이 평행하고 합동인 직사각형이고, 옆면은 모두 직사각형이므로 사각기둥이다.

3. 각뿔: 밑면은 다각형이고, 옆면은 모두 삼각형인 다면체

참고 밑면은 사각형이고, 옆면은 모두 이등변삼각형인 다면체를 사각뿔이라고 한다.

4. 각뿔대: 각뿔을 그 밑면에 평행한 평면으로 자를 때 생기는 두 다면체 중에서 각뿔이 아닌 다면체

참고 각뿔대의 옆면은 모두 사다리꼴이다.

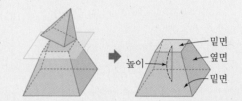

정답과 풀이 21쪽

[01~06] 다음 중 다면체인 것은 〇표, 다면체가 아닌 것은 ✕표를 하시오.

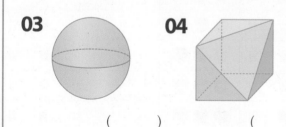

01
(   )

02
(   )

03
(   )

04
(   )

05
(   )

06
(   )

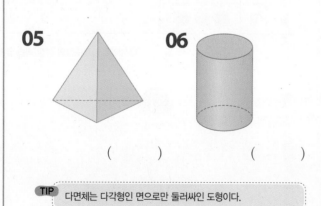

TIP 다면체는 다각형인 면으로만 둘러싸인 도형이다.

[07~09] 다음 다면체의 이름을 〈보기〉에서 찾아 쓰시오.

┤ 보기 ├
사각뿔, 사각뿔대, 사각기둥

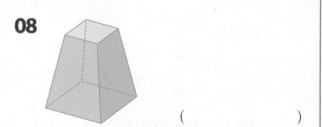

07
(   )

08
(   )

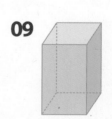

09
(   )

[10~14] 다음 입체도형에 대하여 □ 안에 알맞은 수를 쓰시오.

10 오른쪽 그림의 다면체는

면의 개수가 □,

모서리의 개수가 □,

꼭짓점의 개수가 □이다.

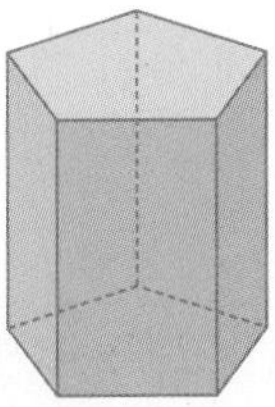

11 오른쪽 그림의 다면체는

면의 개수가 □,

모서리의 개수가 □,

꼭짓점의 개수가 □이다.

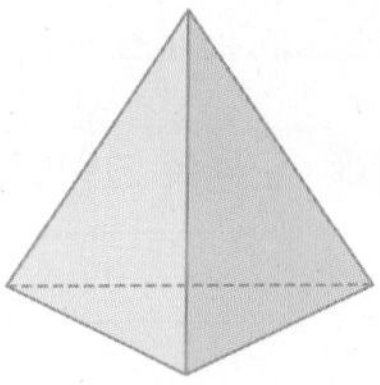

12 오른쪽 그림의 다면체는

면의 개수가 □,

모서리의 개수가 □,

꼭짓점의 개수가 □이다.

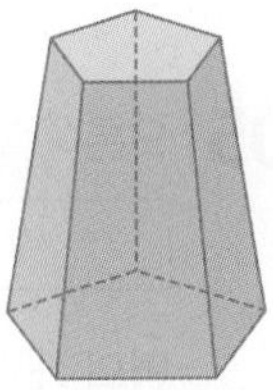

13 오른쪽 그림의 다면체는

면의 개수가 □,

모서리의 개수가 □,

꼭짓점의 개수가 □이다.

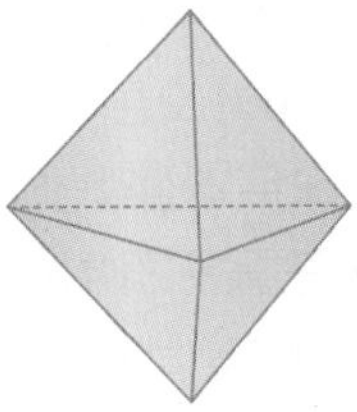

14 오른쪽 그림의 다면체는

면의 개수가 □,

모서리의 개수가 □,

꼭짓점의 개수가 □이다.

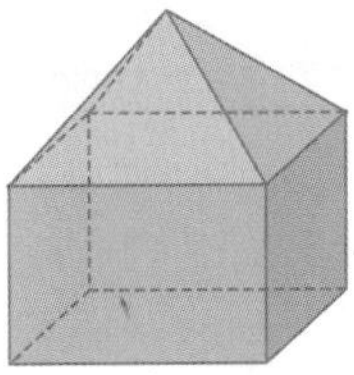

[15~18] 다음 조건을 모두 만족하는 다면체의 이름으로 알맞은 것을 ( ) 안에서 찾아 ○표를 하시오.

15

(가) 구면체이다.
(나) 밑면이 한 개이다.
(다) 옆면은 모두 삼각형이다.

(칠각기둥, 팔각뿔, 칠각뿔대)

16

(가) 칠면체이다.
(나) 두 밑면이 서로 평행하다.
(다) 옆면은 모두 사다리꼴이다.

(오각기둥, 육각뿔, 오각뿔대)

17

(가) 밑면의 모양이 사각형이다.
(나) 두 밑면이 서로 평행하고 합동이다.
(다) 옆면은 모두 직사각형이다.

(사각기둥, 사각뿔, 사각뿔대)

18

(가) 밑면의 모양이 육각형이다.
(나) 두 밑면이 서로 평행하다.
(다) 옆면은 모두 사다리꼴이다.

(육각기둥, 육각뿔, 육각뿔대)

02 정다면체

---

1. 정다면체: 각 면이 모두 합동인 정다각형이고, 각 꼭짓점에 모인 면의 개수가 모두 같은 다면체

2. 정다면체는 다음과 같이 5가지뿐이다.

  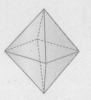 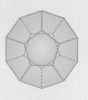 

　　정사면체　　　　　정육면체　　　　　정팔면체　　　　　정십이면체　　　　정이십면체

　참고 정다면체의 면이 될 수 있는 것은 정삼각형, 정사각형, 정오각형 뿐이다.

정답과 풀이 21쪽

[01~05] 다음 정다면체에 대하여 □ 안에 알맞은 것을 쓰시오.

01 오른쪽 그림의 정다면체의 이름은
　　□□□□□이고,
　　면의 개수가 □,
　　모서리의 개수가 □,
　　꼭짓점의 개수가 □이다.

02 오른쪽 그림의 정다면체의 이름은
　　□□□□□이고,
　　면의 개수가 □,
　　모서리의 개수가 □,
　　꼭짓점의 개수가 □이다.

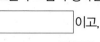

03 오른쪽 그림의 정다면체의 이름은
　　□□□□□이고,
　　면의 개수가 □,
　　모서리의 개수가 □,
　　꼭짓점의 개수가 □이다.

04 오른쪽 그림의 정다면체의 이름은
　　□□□□□이고,
　　면의 개수가 □,
　　모서리의 개수가 □,
　　꼭짓점의 개수가 □이다.

05 오른쪽 그림의 정다면체의 이름은
　　□□□□□이고,
　　면의 개수가 □,
　　모서리의 개수가 □,
　　꼭짓점의 개수가 □이다.

[06~08] 오른쪽 그림은 면의 모양이 모두 정삼각형인 다면체이다. 다음 중 옳은 것에는 ○표, 틀린 것에는 ×표를 하시오.

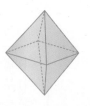

06 육면체이다. 　　　　　　　　　　（　　　）

07 한 꼭짓점에서 만나는 면의 개수는 3이다.　（　　　）

08 정다면체이다. 　　　　　　　　　　（　　　）

[09~12] 다음을 만족하는 정다면체를 모두 구하시오.

09 면의 모양이 정삼각형인 정다면체

10 면의 모양이 정오각형인 정다면체

11 한 꼭짓점에 모인 면의 개수가 3인 정다면체

12 한 꼭짓점에 모인 면의 개수가 4인 정다면체

[13~15] 다음 조건을 모두 만족하는 정다면체를 구하시오.

13
(가) 모든 면이 합동인 정삼각형이다.
(나) 한 꼭짓점에 모인 면의 개수가 3이다.

14
(가) 모서리의 개수가 12이다.
(나) 한 꼭짓점에 모인 면의 개수가 3이다.

15
(가) 모서리의 개수가 30이다.
(나) 한 꼭짓점에 모인 면의 개수가 3이다.

[16~23] 다음 정다면체에 대한 설명 중 옳은 것에는 〇표, 틀린 것에는 ×표를 하시오.

16 각 꼭짓점 모인 면의 개수는 같다. (   )

17 한 꼭짓점 모인 면의 개수는 3 이상 5 이하이다. (   )

18 각 면이 합동인 정다각형으로 이루어져 있다. (   )

19 한 면이 정육각형인 정다면체도 있다. (   )

20 정다면체의 종류는 5가지뿐이다. (   )

21 정다면체 중 각기둥인 것은 정육면체이다. (   )

22 정다면체 중 각뿔인 것은 정팔면체이다. (   )

23 정육면체와 정팔면체의 모서리의 개수는 서로 같다. (   )

03 회전체

학습날짜 : 월 일 / 학습결과 :

1. 회전체: 평면도형을 한 직선을 축으로 하여 1회전시킬 때 생기는 입체도형

2. 회전축: 회전체에서 축이 되는 직선

3. 원뿔대: 원뿔을 밑면에 평행한 평면으로 자를 때 생기는 두 입체도형 중에서 원뿔이 아닌 입체도형

참고 원뿔대는 사다리꼴의 한 변을 회전축으로 하여 회전시킬 때 생기는 입체도형이다.

회전시키면 원뿔의 옆면을
이루는 선을 모선이라고 한다.

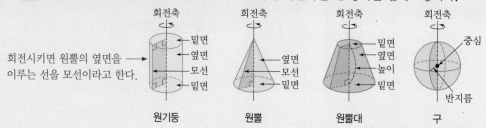

정답과 풀이 21쪽

[01~06] 다음 중 회전체인 것은 ○표, 회전체가 아닌 것은 ✕표를 하시오.

01

(   )

02
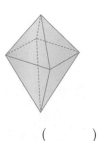
(   )

03

(   )

04

(   )

05

(   )

06

(   )

[07~10] 다음 그림과 같은 평면도형을 직선 l을 회전축으로 하여 1회전시킬 때 생기는 회전체의 겨냥도를 그리고, 그 이름을 쓰시오.

07

TIP 겨냥도를 그린 후, 원기둥, 원뿔, 원뿔대, 구 중 어느 것인지 알아본다.

08

09

10

66 EBS 한 장 수학 1 (하)

[11~14] 다음의 회전체에서 회전시키기 전의 평면도형을 회전축에 그리시오.

11

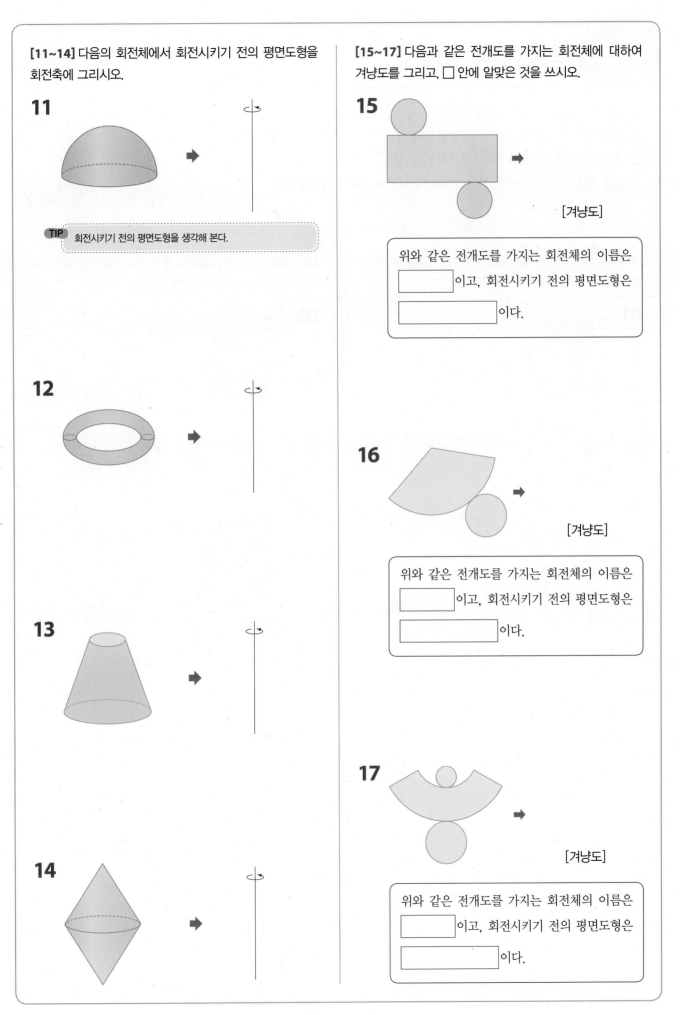

TIP 회전시키기 전의 평면도형을 생각해 본다.

12

13

14

[15~17] 다음과 같은 전개도를 가지는 회전체에 대하여 겨냥도를 그리고, □ 안에 알맞은 것을 쓰시오.

15

[겨냥도]

위와 같은 전개도를 가지는 회전체의 이름은

이고, 회전시키기 전의 평면도형은

이다.

16

[겨냥도]

위와 같은 전개도를 가지는 회전체의 이름은

이고, 회전시키기 전의 평면도형은

이다.

17

[겨냥도]

위와 같은 전개도를 가지는 회전체의 이름은

이고, 회전시키기 전의 평면도형은

이다.

04 회전체의 성질

1. 회전체를 회전축에 수직인 평면으로 자르면 그 단면은 원이다.

2. 회전체를 회전축을 포함하는 평면으로 자르면 그 단면은 모두 합동이고,
회전축을 대칭축으로 하는 선대칭도형이다.

　[참고] 선대칭도형은 직선을 따라 접었을 때 완전히 겹쳐지는 도형이다.

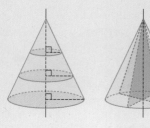

정답과 풀이 22쪽

[01~04] 다음 그림의 회전체를 회전축을 포함하는 평면으로 자를 때 생기는 단면의 모양을 그리시오.

01

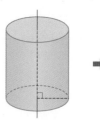

[단면의 모양]

02

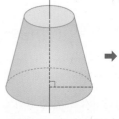

[단면의 모양]

03

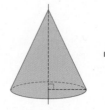

[단면의 모양]

04

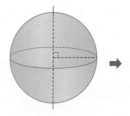

[단면의 모양]

[05~08] 다음 그림의 회전체를 회전축에 수직인 평면으로 자를 때 생기는 단면의 모양을 쓰시오.

05

(　　　　　)

06

(　　　　　)

07

(　　　　　)

08

(　　　　　)

[09~12] 다음 그림의 평면도형을 직선 *l*을 축으로 하여 1회전시킬 때 생기는 회전체를 회전축을 포함하는 평면으로 자를 때 생기는 단면의 모양을 그리시오.

09

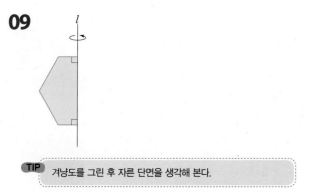

> **TIP** 겨냥도를 그린 후 자른 단면을 생각해 본다.

10

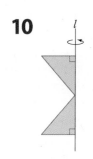

11

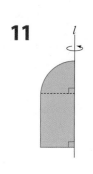

12

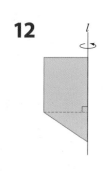

[13~16] 회전체에 대한 다음 설명에서 □ 안에 알맞은 것을 쓰시오.

13 원기둥을 회전축을 포함하는 평면으로 자른 단면은
[   ]이다.

14 원뿔을 회전축을 포함하는 평면으로 자른 단면은
[   ]이다.

15 원뿔대를 회전축에 수직인 평면으로 자른 단면은
[   ]이다.

16 회전축을 포함하는 평면으로 자른 단면이 항상 원인 회전체는 [   ]이다.

[17~20] 회전체에 대한 다음 설명 중 옳은 것에는 ○, 틀린 것에는 ✕표를 하시오.

17 회전체를 회전축을 포함하는 평면으로 자른 단면은 선대칭도형이다. (   )

18 원뿔을 회전축에 수직인 평면으로 자른 단면은 직각삼각형이다. (   )

19 회전체를 회전축을 포함하는 평면으로 자른 단면은 모두 합동이다. (   )

20 구는 어느 방향으로 잘라도 그 단면이 항상 원이다. (   )

01 다면체

1 오른쪽 그림과 같은 입체도형에 대한 설명으로 옳지 <u>않은</u> 것은?

① 다면체이다.
② 육면체이다.
③ 육각기둥이다.
④ 꼭짓점의 개수가 8이다.
⑤ 모서리의 개수가 12이다.

2 다음 조건을 모두 만족하는 입체도형은?

> (가) 팔면체이다.
> (나) 두 밑면이 서로 평행하고 합동이다.
> (다) 옆면이 모두 직사각형이다.

① 육각기둥   ② 육각뿔   ③ 육각뿔대
④ 칠각기둥   ⑤ 칠각뿔

02 정다면체

3 다음 중 정다면체가 <u>아닌</u> 것은?

① 정사면체   ② 정육면체   ③ 정팔면체
④ 정십면체   ⑤ 정십이면체

4 다음 중 정다면체에 대한 설명으로 옳은 것은?

① 정다면체는 6가지뿐이다.
② 정사면체의 각 면은 정사각형이다.
③ 정십이면체의 각 면은 정사각형이다.
④ 한 꼭짓점에 모인 면의 개수가 같다.
⑤ 정오각형으로 이루어진 정다면체는 정이십면체이다.

03 회전체

5 오른쪽 그림과 같은 입체도형은 다음 중 어떤 도형을 회전시킨 것인가?

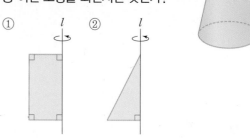

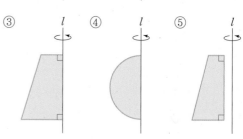

6 다음 입체도형 중에서 회전체를 모두 찾아 쓰시오.

> ㉠ 원뿔대   ㉡ 육각기둥   ㉢ 원뿔
> ㉣ 정십이면체   ㉤ 삼각뿔대   ㉥ 구

04 회전체의 성질

7 다음 중 회전체와 그것을 축을 포함하는 평면으로 잘랐을 때 생기는 단면의 모양을 짝지은 것으로 옳지 <u>않은</u> 것을 모두 고르면? (정답 2개)

① 구 – 원
② 반구 – 반원
③ 원뿔 – 직각삼각형
④ 원기둥 – 직사각형
⑤ 원뿔대 – 평행사변형

꼭 알아야 할 개념

	1차	2차	시험 직전
다면체 이해하기			
정다면체 이해하기			
회전체와 그 성질 이해하기			

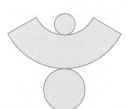
1 오른쪽 그림과 같은 입체도형의 꼭짓점의 개수를 a, 모서리의 개수를 b, 면의 개수를 c라 할 때, $a+b+c$의 값을 구하시오.

2 다음 조건을 모두 만족하는 정다면체를 쓰시오.

- 면의 모양이 모두 합동인 정삼각형이다.
- 한 꼭짓점에 모인 면의 개수가 4이다.

3 다음 중 그 개수가 다른 것은?

① 정사면체의 모서리의 개수
② 정육면체의 모서리의 개수
③ 정팔면체의 모서리의 개수
④ 정십이면체의 면의 개수
⑤ 정이십면체의 꼭짓점의 개수

4 오른쪽 그림과 같은 입체도형에 대한 설명으로 옳은 것을 모두 고르면? (정답 2개)

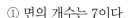

① 면의 개수는 7이다.
② 꼭짓점의 개수는 9이다.
③ 모서리의 개수는 15이다.
④ 회전체이다.
⑤ 정다면체이다.

5 오른쪽 그림과 같은 전개도로 만들어지는 입체도형에 대한 다음 설명 중 옳지 <u>않은</u> 것은?

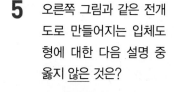

① 회전체이다.
② 두 밑면이 평행하다.
③ 두 밑면이 합동이다.
④ 회전축에 수직인 평면으로 자른 단면은 원이다.
⑤ 회전체를 포함하는 평면으로 자른 단면은 사다리꼴이다.

6 어떤 평면도형의 한 변을 축으로 하여 1회전시킨 입체도형이 오른쪽 그림과 같다. 이 평면도형의 넓이는?

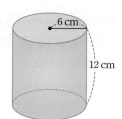

① 72 cm²
② 90 cm²
③ 108 cm²
④ 126 cm²
⑤ 144 cm²

도전 고난도

난 풀 수 있다. 고난도!!

7 오른쪽 그림과 같은 직각삼각형을 직선 l을 축으로 하여 1회전시킬 때 생기는 입체도형을 회전축을 포함하는 평면으로 잘랐다. 이때 생기는 단면의 넓이는?

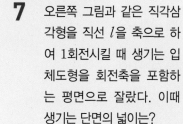

① 12 cm²   ② 15 cm²   ③ 18 cm²
④ 21 cm²   ⑤ 24 cm²

05 기둥의 겉넓이

↳ 입체도형에서 한 밑면의 넓이를 밑넓이, 옆면 전체의 넓이를 옆넓이라고 한다.

1. 각기둥의 겉넓이: (밑넓이)×2+(옆넓이)

  (1) (각기둥의 옆면의 가로의 길이)

    =(밑면의 둘레의 길이)

  (2) (각기둥의 옆면의 세로의 길이)

    =(각기둥의 높이)

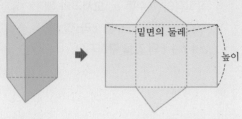

각기둥의 전개도

2. 밑면의 반지름의 길이가 r이고, 높이가 h인 원기둥의 겉넓이: $2\pi r^2 + 2\pi rh$

  (1) (원기둥의 옆면의 가로의 길이)

    =(밑면인 원의 둘레의 길이)$=2\pi r$

  (2) (원기둥의 옆면의 세로의 길이)

    =(원기둥의 높이)$=h$

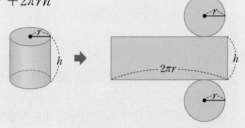

원기둥의 전개도

  참고 (기둥의 옆넓이)=(옆면의 가로의 길이)×(옆면의 세로의 길이)

              =(밑면의 둘레의 길이)×(기둥의 높이)

정답과 풀이 24쪽

[01~04] 오른쪽 그림과 같은 삼각기둥의 겉넓이를 구하려고 한다. 다음 물음에 답하시오.

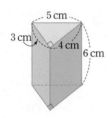

01 다음 삼각기둥의 전개도에서 (ㄱ)~(ㅂ)에 알맞은 수를 각각 쓰시오.

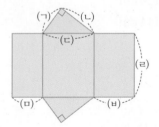

(ㄱ) : ☐ cm, (ㄴ) : ☐ cm, (ㄷ) : ☐ cm,

(ㄹ) : ☐ cm, (ㅁ) : ☐ cm, (ㅂ) : ☐ cm

02 삼각기둥의 밑넓이를 구하시오.

03 삼각기둥의 옆넓이를 구하시오.

  TIP 각기둥의 옆넓이는 전개도에서 하나의 직사각형 넓이를 구하여 얻을 수 있다.

04 삼각기둥의 겉넓이를 구하시오.

[05~08] 오른쪽 그림과 같은 사각기둥의 겉넓이를 구하려고 한다. 다음 물음에 답하시오.

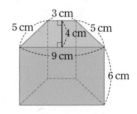

05 다음 사각기둥의 전개도에서 (ㄱ)~(ㅂ)에 알맞은 수를 각각 쓰시오.

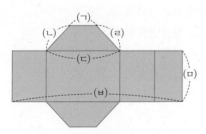

(ㄱ) : ☐ cm, (ㄴ) : ☐ cm, (ㄷ) : ☐ cm,

(ㄹ) : ☐ cm, (ㅁ) : ☐ cm, (ㅂ) : ☐ cm

06 사각기둥의 밑넓이를 구하시오.

07 사각기둥의 옆넓이를 구하시오.

08 사각기둥의 겉넓이를 구하시오.

[09~12] 오른쪽 그림과 같은 원기둥의 겉넓이를 구하려고 한다. 다음 물음에 답하시오.

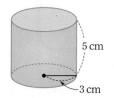

5 cm

3 cm

09 다음 원기둥의 전개도에서 (ㄱ)~(ㄷ)에 알맞은 수를 각각 쓰시오.

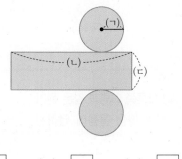

(ㄱ)

(ㄴ)

(ㄷ)

(ㄱ) : ☐ cm, (ㄴ) : ☐ cm, (ㄷ) : ☐ cm

10 원기둥의 밑넓이를 구하시오.

11 원기둥의 옆넓이를 구하시오.

12 원기둥의 겉넓이를 구하시오.

[13~15] 오른쪽 그림과 같은 원기둥의 겉넓이가 160π cm²일 때, h의 값을 구하려고 한다. 다음 물음에 답하시오.

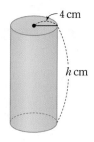

4 cm

h cm

13 원기둥의 밑넓이를 구하시오.

14 원기둥의 옆넓이를 h에 대한 식으로 나타내시오.

15 h의 값을 구하시오.

[16~20] 다음 입체도형의 겉넓이를 구하시오.

16

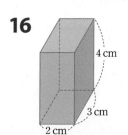

4 cm

3 cm

2 cm

17

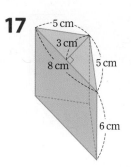

5 cm

3 cm

8 cm

5 cm

6 cm

18

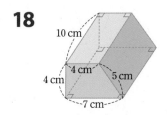

10 cm

4 cm

4 cm

5 cm

7 cm

19

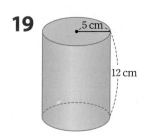

5 cm

12 cm

20

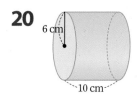

6 cm

10 cm

06 기둥의 부피

1. (각기둥의 부피)=(밑넓이)×(높이)

각기둥에서 밑넓이가 S, 높이가 h일 때, 부피 V는

$V=Sh$

2. (원기둥의 부피)=(밑넓이)×(높이)

원기둥의 밑면의 반지름의 길이가 r, 높이가 h일 때, 부피 V는

$V=\pi r^2 h$

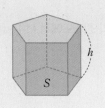
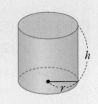

정답과 풀이 24쪽

[01~02] 오른쪽 그림과 같은 사각기둥에 대하여 다음 물음에 답하시오.

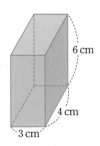

01 사각기둥의 밑넓이를 구하시오.

02 사각기둥의 부피를 구하시오.

[03~04] 오른쪽 그림과 같은 삼각기둥에 대하여 다음 물음에 답하시오.

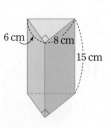

03 삼각기둥의 밑넓이를 구하시오.

04 삼각기둥의 부피를 구하시오.

[05~06] 오른쪽 그림과 같은 원기둥에 대하여 다음 물음에 답하시오.

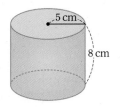

05 원기둥의 밑넓이를 구하시오.

06 원기둥의 부피를 구하시오.

[07~08] 다음 입체도형의 부피를 구하시오.

07
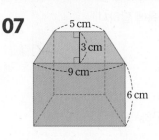

08
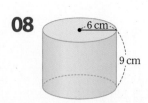

[09~11] 다음 그림과 같은 전개도로 만들어지는 입체도형의 부피를 구하시오.

09

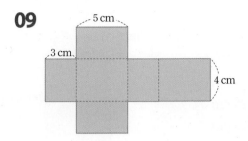

10

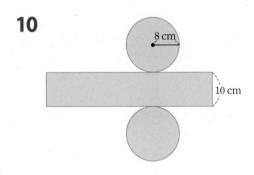

11

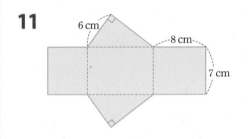

[12~14] 다음 입체도형의 부피를 구하시오.

12 밑넓이가 5 cm²이고, 높이가 6 cm인 삼각기둥

13 밑넓이가 8 cm² 이고, 높이가 7 cm인 오각기둥

14 밑넓이가 4π cm²이고, 높이가 3 cm인 원기둥

15 높이가 6 cm인 삼각기둥의 부피가 54 cm³일 때, 이 삼각기둥의 밑넓이를 구하시오.

16 높이가 8 cm인 원기둥의 부피가 32π cm³일 때, 이 원기둥의 밑넓이를 구하시오.

17 밑넓이가 7 cm²인 사각기둥의 부피가 49 cm³일 때, 이 사각기둥의 높이를 구하시오.

18 밑넓이가 9π cm²인 원기둥의 부피가 81π cm³일 때, 이 원기둥의 높이를 구하시오.

[19~20] 오른쪽 그림과 같은 삼각기둥의 부피가 240 cm³일 때, h의 값을 구하려고 한다. 다음 물음에 답하시오.

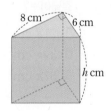

19 삼각기둥의 밑넓이를 구하시오.

20 h의 값을 구하시오.

[21~22] 오른쪽 그림과 같은 원기둥의 부피가 72π cm³일 때, h의 값을 구하려고 한다. 다음 물음에 답하시오.

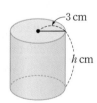

21 원기둥의 밑넓이를 구하시오.

22 h의 값을 구하시오.

05 기둥의 겉넓이

1 오른쪽 그림과 같은 삼각기둥의 겉넓이는?

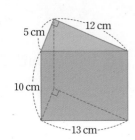

① 300 cm²
② 320 cm²
③ 340 cm²
④ 360 cm²
⑤ 380 cm²

2 오른쪽 그림과 같은 원기둥의 겉넓이는?

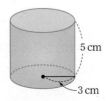

① 21π cm² ② 30π cm²
③ 39π cm² ④ 48π cm²
⑤ 57π cm²

3 오른쪽 그림과 같은 사각기둥의 겉넓이는?

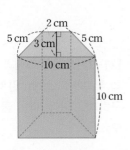

① 202 cm²
② 220 cm²
③ 238 cm²
④ 256 cm²
⑤ 274 cm²

06 기둥의 부피

4 오른쪽 그림과 같은 삼각기둥의 부피는?

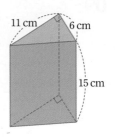

① 325 cm³
② 495 cm³
③ 595 cm³
④ 722 cm³
⑤ 990 cm³

5 오른쪽 그림과 같은 원기둥의 부피는?

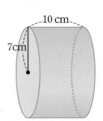

① 140π cm³
② 210π cm³
③ 280π cm³
④ 420π cm³
⑤ 490π cm³

6 다음 그림과 같은 전개도로 만들어지는 입체도형의 부피를 구하시오.

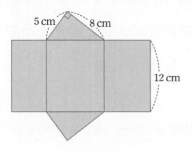

꼭 알아야 할 개념 ✍️

	1차	2차	시험 직전
기둥의 겉넓이 구하기			
기둥의 부피 구하기			

실력을 점검해 보자.

형성 평가

1 오른쪽 그림과 같은 사각기둥의 겉넓이는?

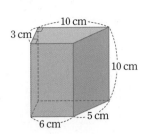

① 144 cm²

② 188 cm²

③ 244 cm²

④ 288 cm²

⑤ 344 cm²

2 오른쪽 그림과 같이 밑면의 지름의 길이가 4 cm인 원기둥의 겉넓이가 20π cm²일 때, 이 원기둥의 높이는?

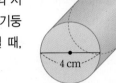

① 1 cm   ② 2 cm

③ 3 cm   ④ 4 cm

⑤ 5 cm

3 오른쪽 그림과 같이 밑면의 반지름이 5 cm인 원기둥의 부피가 150π cm³일 때, 이 원기둥의 겉넓이는?

① 100π cm²

② 105π cm²

③ 110π cm²

④ 115π cm²

⑤ 120π cm²

4 겉넓이가 114π cm²인 원기둥의 밑면의 지름의 길이가 6 cm일 때, 이 원기둥의 높이를 구하시오.

5 넓이가 25 cm²인 정사각형을 밑면으로 하는 직육면체의 겉넓이가 250 cm²일 때, 이 직육면체의 부피는?

① 200 cm³   ② 225 cm³   ③ 250 cm³

④ 275 cm³   ⑤ 300 cm³

6 다음 그림의 원기둥과 삼각기둥의 부피가 같을 때, 삼각기둥의 높이를 구하시오.

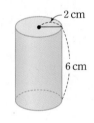
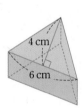

난 풀 수 있다. 고난도!!

도전 고난도

7 오른쪽 그림과 같이 밑면의 반지름의 길이가 6 cm인 원기둥의 가운데에 밑면의 반지름의 길이가 2 cm인 원기둥 모양으로 속이 빈 입체도형이 있다. 이 입체도형의 겉넓이를 구하시오.

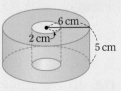

07 뿔의 겉넓이

1. (각뿔의 겉넓이)=(밑넓이)+(옆넓이)

각뿔의 옆면의 개수는 밑면의 변의 개수와 같다.

참고 정사각뿔의 밑면은 정사각형이고, 옆면은 모두 합동인 삼각형이다.

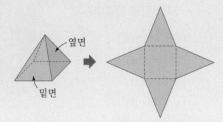

2. (원뿔의 겉넓이)=(밑넓이)+(옆넓이)

반지름의 길이가 r, 모선의 길이가 l일 때,

(원뿔의 겉넓이)=$\pi r^2 + \pi l r$

참고 원뿔의 밑면은 원이고, 옆면은 부채꼴이다.

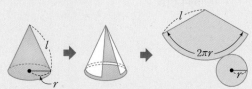

정답과 풀이 26쪽

[01~04] 오른쪽 그림과 같은 정사각뿔의 겉넓이를 구하려고 한다. 다음 물음에 답하시오.

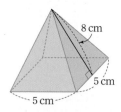

01 다음 정사각뿔의 전개도에서 (ㄱ)~(ㄷ)에 알맞은 수를 각각 쓰시오.

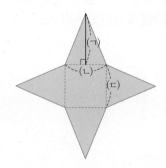

(ㄱ) : ☐ cm, (ㄴ) : ☐ cm, (ㄷ) : ☐ cm

02 정사각뿔의 밑넓이를 구하시오.

03 정사각뿔의 옆넓이를 구하시오.

TIP 정사각뿔의 옆면은 모두 합동인 이등변삼각형이다.

04 정사각뿔의 겉넓이를 구하시오.

[05~08] 오른쪽 그림과 같은 원뿔의 겉넓이를 구하려고 한다. 다음 물음에 답하시오.

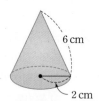

05 다음 원뿔의 전개도에서 (ㄱ)~(ㄷ)에 알맞은 수를 각각 쓰시오.

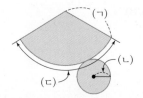

(ㄱ) : ☐ cm, (ㄴ) : ☐ cm, (ㄷ) : ☐ cm

TIP 원뿔의 옆면인 부채꼴의 호의 길이는 밑면인 원의 둘레의 길이와 같다.

06 원뿔의 밑넓이를 구하시오.

07 원뿔의 옆넓이를 구하시오.

08 원뿔의 겉넓이를 구하시오.

[09~13] 다음 입체도형의 겉넓이를 구하시오.

09

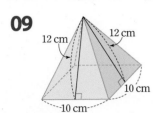

12 cm   12 cm
10 cm
10 cm

10

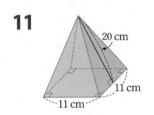

9 cm
4 cm
4 cm

11

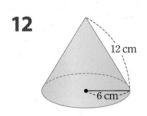

20 cm
11 cm
11 cm

12

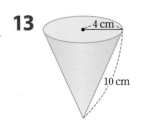

12 cm
6 cm

13

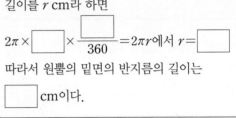

4 cm
10 cm

[14~17] 다음 그림과 같은 전개도로 만들어지는 원뿔의 겉넓이를 구하려고 한다. 물음에 답하시오.

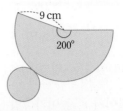

9 cm
200°

14 □ 안에 알맞은 것을 쓰시오.

옆면인 부채꼴의 호의 길이는 밑면인 원의 둘레의 길이와 같으므로 밑면인 원의 반지름의 길이를 r cm라 하면

$$2\pi \times \boxed{} \times \frac{\boxed{}}{360} = 2\pi r \text{에서 } r = \boxed{}$$

따라서 원뿔의 밑면의 반지름의 길이는 $\boxed{}$ cm이다.

15 원뿔의 밑넓이를 구하시오.

16 원뿔의 옆넓이를 구하시오.

17 원뿔의 겉넓이를 구하시오.

08 뿔의 부피

1. (각뿔의 부피)$=\dfrac{1}{3}\times$(밑넓이)$\times$(높이)

2. (원뿔의 부피)$=\dfrac{1}{3}\times$(밑넓이)$\times$(높이) $\longrightarrow$ (기둥의 부피)$=$(밑넓이)$\times$(높이)

반지름의 길이가 r, 높이가 h인 (원뿔의 부피)$=\dfrac{1}{3}\pi r^2 h$

참고 뿔의 부피는 뿔과 밑넓이와 높이가 각각 같은 기둥의 부피의 $\dfrac{1}{3}$이다.

예 오른쪽 그림과 같은 사각뿔의 부피는

$\dfrac{1}{3}\times(4\times4)\times6=32(\text{cm}^3)$

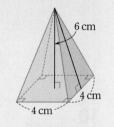

정답과 풀이 27쪽

[01~02] 오른쪽 그림과 같은 사각뿔에 대하여 다음을 구하시오.

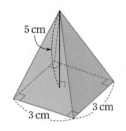

01 사각뿔의 밑넓이

02 사각뿔의 부피

[03~04] 오른쪽 그림과 같은 삼각뿔에 대하여 다음을 구하시오.

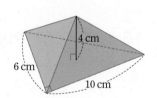

03 삼각뿔의 밑넓이

04 삼각뿔의 부피

[05~06] 오른쪽 그림과 같은 원뿔에 대하여 다음을 구하시오.

05 원뿔의 밑넓이

06 원뿔의 부피

[07~08] 오른쪽 그림과 같은 원뿔에 대하여 다음을 구하시오.

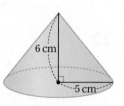

07 원뿔의 밑넓이

08 원뿔의 부피

[09~10] 오른쪽 그림의 삼각뿔에서 밑면은 두 변의 길이가 각각 4 cm, 5 cm인 직각삼각형이고, 부피가 40 cm³일 때, 다음을 구하시오.

09 삼각뿔의 밑넓이

10 삼각뿔의 높이

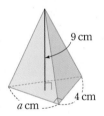

[11~12] 오른쪽 그림과 같이 밑면이 직각삼각형이고 높이가 9 cm인 삼각뿔의 부피가 36 cm³일 때, 다음을 구하시오.

11 삼각뿔의 밑넓이

12 a의 값

[13~14] 오른쪽 그림과 같이 밑면의 반지름의 길이가 2 cm인 원뿔의 부피가 8π cm³일 때, 다음을 구하시오.

13 원뿔의 밑넓이

14 원뿔의 높이

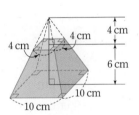

[15~17] 오른쪽 그림과 같은 정사각뿔대의 부피를 구하려고 한다. 다음 물음에 답하시오.

15 밑면의 한 변의 길이가 10 cm인 정사각형이고, 높이가 10 cm인 정사각뿔의 부피를 구하시오.

16 밑면의 한 변의 길이가 4 cm인 정사각형이고, 높이가 4 cm인 정사각뿔의 부피를 구하시오.

17 주어진 정사각뿔대의 부피를 구하시오.

> **TIP** 뿔대의 부피는 큰 뿔의 부피에서 작은 뿔의 부피를 빼서 구한다.

07 뿔의 겉넓이

1 오른쪽 그림과 같은 정사각 뿔의 겉넓이는?

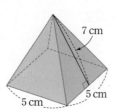

① 95 cm²
② 100 cm²
③ 105 cm²
④ 110 cm²
⑤ 115 cm²

2 오른쪽 그림과 같은 원뿔의 겉넓이는?

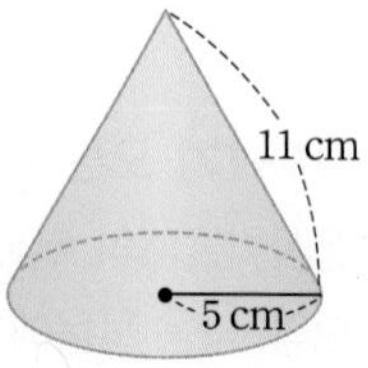

① 80π cm²
② 85π cm²
③ 90π cm²
④ 95π cm²
⑤ 100π cm²

3 오른쪽 그림은 원뿔의 전개도이다. 이 전개도로 만들어지는 원뿔의 밑면의 넓이는?

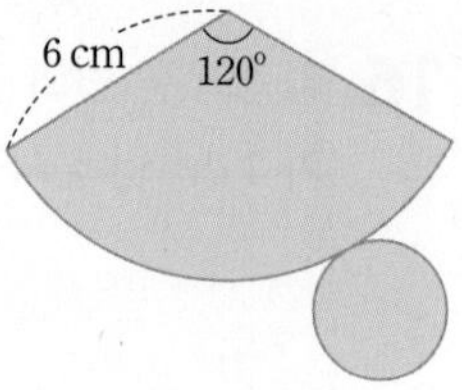

① 2π cm²
② 3π cm²
③ 4π cm²
④ 5π cm²
⑤ 6π cm²

08 뿔의 부피

4 오른쪽 그림과 같은 사각뿔의 부피는?

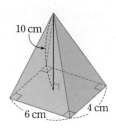

① 80 cm³
② 120 cm³
③ 160 cm³
④ 200 cm³
⑤ 240 cm³

5 오른쪽 그림과 같은 원뿔의 부피는?

① 36π cm³
② 48π cm³
③ 60π cm³
④ 72π cm³
⑤ 84π cm³

6 밑넓이가 12 cm²인 육각뿔의 부피가 24 cm³일 때, 이 육각뿔의 높이는?

① 2 cm   ② 3 cm   ③ 4 cm
④ 5 cm   ⑤ 6 cm

✏️ **꼭** 알아야 할 개념 📝

	1차	2차	시험 직전
뿔의 겉넓이 구하기			
뿔의 부피 구하기			

1 오른쪽 그림과 같이 직육면체의 일부를 잘라내고 남은 입체도형의 부피는?

① 192 cm³
② 204 cm³
③ 216 cm³
④ 234 cm³
⑤ 240 cm³

4 오른쪽 그림과 같이 중심각의 크기가 150°이고, 반지름의 길이가 12 cm인 부채꼴이 원뿔의 옆면의 전개도일 때, 이 원뿔의 겉넓이는?

① 80π cm²   ② 85π cm²
③ 90π cm²   ④ 95π cm²
⑤ 100π cm²

2 오른쪽 그림과 같이 반지름의 길이가 3 cm인 원뿔의 겉넓이가 45π cm²일 때, 모선 l의 길이는?

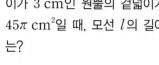

① 8 cm   ② 9 cm
③ 10 cm   ④ 11 cm
⑤ 12 cm

5 오른쪽 그림과 같은 원뿔대의 부피는?

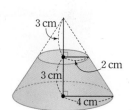

① 22π cm³
② 24π cm³
③ 26π cm³
④ 28π cm³
⑤ 30π cm³

3 밑면의 모양이 오른쪽 그림과 같고 높이가 5 cm인 사각뿔의 부피는?

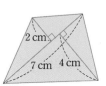

① 35 cm³
② 70 cm³
③ 105 cm³
④ 140 cm³
⑤ 175 cm³

난 풀 수 있다. 고난도!!

도전 고난도

6 오른쪽 그림과 같은 직각삼각형 ABC를 변 AB와 변 BC를 각각 회전축으로 하여 1회전시킬 때 생기는 두 회전체의 부피의 차를 구하시오.

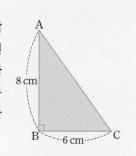

09 구의 겉넓이와 부피

 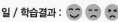

1. (반지름의 길이가 r인 구의 겉넓이)$=4\pi r^2$

2. (반지름의 길이가 r인 구의 부피)$=\dfrac{4}{3}\pi r^3$

3. 원뿔, 구, 원기둥의 부피 비교

밑면의 반지름의 길이가 r, 높이가 $2r$인 원기둥 안에 꼭 맞게 들어가는

원뿔과 구에 대하여

(원뿔의 부피)$=\dfrac{1}{3}\times\pi r^2\times 2r=\dfrac{2}{3}\pi r^3$, (구의 부피)$=\dfrac{4}{3}\pi r^3$,

(원기둥의 부피)$=\pi r^2\times 2r=2\pi r^3$

이므로 (원뿔의 부피) : (구의 부피) : (원기둥의 부피)$=1:2:3$

정답과 풀이 29쪽

[01~02] 다음은 구의 겉넓이를 구하는 과정이다. □ 안에 알맞은 수를 쓰시오.

01

(겉넓이)$=4\pi\times\boxed{}^2=\boxed{}$ (cm^2)

02

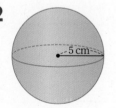

(겉넓이)$=4\pi\times\boxed{}^2=\boxed{}$ (cm^2)

03 반지름의 길이가 6 cm인 구의 겉넓이를 구하시오.

04 반지름의 길이가 8 cm인 구의 겉넓이를 구하시오.

[05~06] 다음은 구의 부피를 구하는 과정이다. □ 안에 알맞은 수를 쓰시오.

05

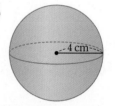

(부피)$=\dfrac{4}{3}\pi\times\boxed{}^3=\boxed{}$ (cm^3)

06

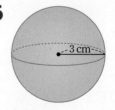

(부피)$=\dfrac{4}{3}\pi\times\boxed{}^3=\boxed{}$ (cm^3)

07 반지름의 길이가 5 cm인 구의 부피를 구하시오.

08 반지름의 길이가 6 cm인 구의 부피를 구하시오.

[09~10] 다음은 반지름의 길이가 r cm인 구의 겉넓이가 주어질 때, r의 값을 구하는 과정이다. □ 안에 알맞은 수를 쓰시오.

09 겉넓이 : 64π cm²

$4\pi r^2 = \boxed{}$ 에서 $r^2 = \boxed{}$

$r > 0$이므로 $r = \boxed{}$

10 겉넓이 : 144π cm²

$4\pi r^2 = \boxed{}$ 에서 $r^2 = \boxed{}$

$r > 0$이므로 $r = \boxed{}$

[11~12] 다음은 반지름의 길이가 r cm인 구의 부피가 주어질 때, r의 값을 구하는 과정이다. □ 안에 알맞은 수를 쓰시오.

11 부피 : $\dfrac{4}{3}\pi$ cm³

$\dfrac{4}{3}\pi r^3 = \boxed{}$ 에서

$r^3 = \boxed{}$ 이므로 $r = \boxed{}$

12 부피 : $\dfrac{32}{3}\pi$ cm³

$\dfrac{4}{3}\pi r^3 = \boxed{}$ 에서

$r^3 = \boxed{}$ 이므로 $r = \boxed{}$

[13~14] 다음은 반지름의 길이가 3 cm인 반구의 부피와 겉넓이를 구하는 과정이다. □ 안에 알맞은 수를 쓰시오.

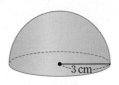

13

(반구의 겉넓이)

$= \dfrac{1}{2} \times$ (구의 겉넓이)$+$(밑면인 원의 넓이)

이므로 주어진 반구의 겉넓이는

$\dfrac{1}{2} \times 4\pi \times \boxed{}^2 + \pi \times \boxed{}^2$

$= \boxed{}$ (cm²)

> **TIP** 반구의 겉넓이를 구할 때는 잘린 단면인 원의 넓이도 더해야 한다.

14

(반구의 부피)$= \dfrac{1}{2} \times$ (구의 부피)이므로

(반구의 부피)$= \dfrac{1}{2} \times \dfrac{4}{3}\pi \times \boxed{}^3$

$\qquad\qquad = \boxed{}$ (cm³)

[15~18] 오른쪽 그림은 밑면의 반지름의 길이가 3 cm, 높이가 6 cm인 원기둥 안에 꼭 맞게 들어가는 원뿔과 구를 그린 것이다. 다음 물음에 답하시오.

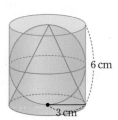

15 원뿔의 부피를 구하시오.

16 구의 부피를 구하시오.

17 원기둥의 부피를 구하시오.

18 위에서 구한 결과를 이용하여
(원뿔의 부피) : (구의 부피) : (원기둥의 부피)를 가장 간단한 자연수의 비로 나타내시오.

09 구의 겉넓이와 부피

1 오른쪽 그림과 같이 반지름의 길이가 3 cm인 구의 겉넓이는?

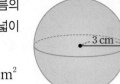

① $12\pi \text{ cm}^2$ ② $24\pi \text{ cm}^2$
③ $36\pi \text{ cm}^2$ ④ $48\pi \text{ cm}^2$
⑤ $60\pi \text{ cm}^2$

2 겉넓이가 $324\pi \text{ cm}^2$인 구의 반지름의 길이는?

① 6 cm   ② 7 cm   ③ 8 cm
④ 9 cm   ⑤ 10 cm

3 오른쪽 그림과 같이 반지름의 길이가 7 cm인 구의 부피는?

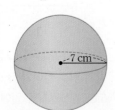

① $72\pi \text{ cm}^3$
② $\dfrac{256}{3}\pi \text{ cm}^3$
③ $\dfrac{400}{3}\pi \text{ cm}^3$
④ $144\pi \text{ cm}^3$
⑤ $\dfrac{1372}{3}\pi \text{ cm}^3$

4 부피가 $36\pi \text{ cm}^3$인 구의 반지름의 길이는?

① 1 cm   ② 2 cm   ③ 3 cm
④ 4 cm   ⑤ 5 cm

5 오른쪽 그림과 같이 반지름의 길이가 6 cm인 반구의 겉넓이는?

① $36\pi \text{ cm}^2$ ② $72\pi \text{ cm}^2$ ③ $108\pi \text{ cm}^2$
④ $144\pi \text{ cm}^2$ ⑤ $180\pi \text{ cm}^2$

6 오른쪽 그림과 같은 입체도형의 부피는?

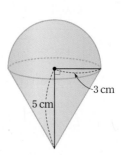

① $32\pi \text{ cm}^3$
② $33\pi \text{ cm}^3$
③ $34\pi \text{ cm}^3$
④ $35\pi \text{ cm}^3$
⑤ $36\pi \text{ cm}^3$

7 오른쪽 그림과 같이 밑면의 반지름의 길이가 5 cm, 높이가 10 cm인 원기둥 모양의 통 안에 구가 꼭 맞게 들어 있을 때, 빈 공간의 부피를 구하시오.

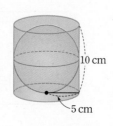

꼭 알아야 할 개념

	1차	2차	시험직전
구의 겉넓이 구하기			
구의 부피 구하기			
원뿔, 구, 원기둥의 부피 비교하기			

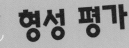
1 오른쪽 그림과 같은 입체도형의 겉넓이는?

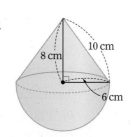

① 60π cm^2

② 72π cm^2

③ 102π cm^2

④ 132π cm^2

⑤ 168π cm^2

2 오른쪽 그림은 반지름의 길이가 3 cm인 구를 구의 중심을 지나는 평면으로 잘라 8등분한 조각 중의 하나이다. 이 입체도형의 겉넓이는?

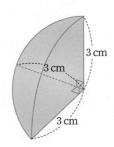

① $\dfrac{27}{4}\pi$ cm^2

② 9π cm^2

③ $\dfrac{45}{4}\pi$ cm^2

④ $\dfrac{54}{4}\pi$ cm^2

⑤ $\dfrac{63}{4}\pi$ cm^2

3 오른쪽 그림과 같이 색칠한 부분을 직선 l을 축으로 하여 1회전시킬 때 생기는 회전체의 부피는?

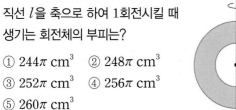

① 244π cm^3 ② 248π cm^3

③ 252π cm^3 ④ 256π cm^3

⑤ 260π cm^3

4 겉넓이가 64π cm^{2}인 구의 부피는?

① $\dfrac{256}{3}\pi$ cm^3 ② $\dfrac{257}{3}\pi$ cm^3 ③ 86π cm^3

④ $\dfrac{259}{3}\pi$ cm^3 ⑤ $\dfrac{260}{3}\pi$ cm^3

5 오른쪽 그림과 같은 입체도형의 겉넓이를 구하시오.

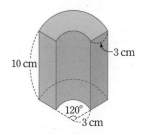

난 풀 수 있다. 고난도!!

도전 고난도

6 오른쪽 그림과 같이 원기둥 모양의 통에 3개의 공이 꼭 맞게 들어 있을 때, 빈 공간의 부피와 공 1개의 부피의 비는?

① 1 : 1   ② 1 : 2

③ 2 : 1   ④ 2 : 3

⑤ 3 : 2

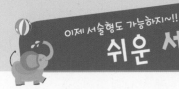
1 오른쪽 그림은 밑면의 반지름의 길이가 2 cm인 원기둥을 회전축을 포함하는 평면으로 잘라 만든 입체도형이다. 다음 물음에 답하시오.

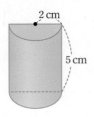

(1) 평행한 두 밑면의 넓이의 합을 구하시오.
(2) 옆넓이를 구하시오.
(3) 겉넓이를 구하시오.

2 오른쪽 그림은 밑면이 합동이고 높이는 각각 3 cm, 5 cm인 사각뿔이 맞붙어 있는 입체도형이다. 다음 물음에 답하시오.

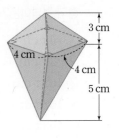

(1) 높이가 3 cm인 사각뿔의 부피를 구하시오.
(2) 높이가 5 cm인 사각뿔의 부피를 구하시오.
(3) 주어진 입체도형의 부피를 구하시오.

3 오른쪽 그림과 같은 사다리꼴 ABCD가 있다. 점 D에서 $\overline{AB}$에 내린 수선의 발을 E라고 할 때, 물음에 답하시오.

(1) 삼각형 AED를 $\overline{AB}$를 회전축으로 하여 1회전시킬 때, 생기는 회전체의 부피를 구하시오.
(2) 사각형 EBCD를 $\overline{AB}$를 회전축으로 하여 1회전시킬 때, 생기는 회전체의 부피를 구하시오.
(3) 사각형 ABCD를 $\overline{AB}$를 회전축으로 하여 1회전시킬 때, 생기는 회전체의 부피를 구하시오.

4 밑면의 반지름의 길이가 6 cm이고, 높이가 8 cm인 원기둥 모양의 그릇에 물이 가득 차 있다. 여기에 반지름의 길이가 3 cm인 구 모양의 공을 완전히 넣었다가 뺀다고 할 때, 물음에 답하시오.

(1) 원기둥 모양의 그릇에 가득찬 물의 부피를 구하시오.
(2) 반지름의 길이가 3 cm인 구의 부피를 구하시오.
(3) 흘러넘치고 남은 부분의 물의 부피를 구하시오.

VIII 자료의 정리와 해석

한 장 공 부 표		계획하기	학습하기	확인하기	분석하기	추가 학습하기
	학습 내용	공부할 날짜를 계획해 봐요.	공부한 날짜를 기록해 봐요.	학습 결과를 체크해 봐요.	학습 과정, 학습 결과에 대한 원인을 생각해 볼까요?	학습 결과가 만족스럽지 못하다면 추가 학습을 해 봐요.
01장	01. 줄기와 잎 그림	월 일	월 일	😊 😐 😣 잘함 보통 노력		월 일
02장	02. 도수분포표	월 일	월 일	😊 😐 😣		월 일
03장	핵심 반복 / 형성 평가	월 일	월 일	😊 😐 😣		월 일
04장	03. 히스토그램	월 일	월 일	😊 😐 😣		월 일
05장	04. 도수분포다각형	월 일	월 일	😊 😐 😣		월 일
06장	핵심 반복 / 형성 평가	월 일	월 일	😊 😐 😣		월 일
07장	05. 상대도수	월 일	월 일	😊 😐 😣		월 일
08장	06. 두 자료의 비교	월 일	월 일	😊 😐 😣		월 일
09장	핵심 반복 / 형성 평가 / 쉬운 서술형	월 일	월 일	😊 😐 😣		월 일

09장으로 자료의 정리와 해석 학습 끝!!

학습날짜 :　　월　　일 / 학습결과 : 😊 😐 😣

1. **변량:** 자료를 수량으로 나타낸 것

2. **줄기와 잎 그림:** 줄기와 잎으로 자료를 구분하여 나타낸 그림

3. **줄기와 잎 그림 그리는 방법** → 변량의 큰 자리의 수를 줄기, 나머지 자리의 수를 잎으로 정한다.

① 변량을 줄기와 잎으로 구분한다.

② 줄기는 세로줄의 왼쪽에 작은 값부터 차례대로 세로로 나열한다.
→ 잎에서 중복되는 변량이 있어도 생략하지 않고 모두 쓴다.

③ 각 줄기에 해당하는 잎은 세로줄의 오른쪽에 작은 값부터 차례대로 가로로 나열한다.

참고 줄기의 2와 잎의 0이 20세를 의미한다는 것을 줄기와 잎 그림 오른쪽 위에 '(2 | 0은 20세)'와 같이 나타낸다.

예　　　　　줄기와 잎 그림
(2 | 0은 20세)

줄기	잎					
2	0	3	7	8	9	
3	0	1	1	2	3	7
4	0	1	2	5		

→ 잎이 가장 많은 줄기는 3이다.

정답과 풀이 32쪽

[01~03] 다음은 어느 학급 20명의 1분당 윗몸 일으키기 횟수를 기록한 것이다. 물음에 답하시오.

(단위 : 회)

5	20	7	23	8	37	11	42	13	47
17	5	20	8	31	31	11	37	12	16

01 십의 자리의 수를 줄기로 하고, 일의 자리의 수를 잎으로 하는 줄기와 잎 그림을 아래에 완성하시오.

윗몸 일으키기 횟수
(0 | 5는 5회)

줄기	잎
0	5
1	
2	
3	
4	

TIP 잎에서 중복되는 변량은 생략하지 않고 모두 쓴다.

02 잎이 가장 많은 줄기를 구하시오.

03 윗몸 일으키기 횟수가 30회 이상인 학생은 몇 명인지 구하시오.

[04~06] 다음은 어느 동아리 학생 18명의 키를 조사한 것이다. 물음에 답하시오.

(단위 : cm)

152	163	143	157	172	160
142	155	167	147	160	151
163	142	157	170	151	181

04 십의 자리 이상의 수를 줄기로 하고, 일의 자리의 수를 잎으로 하는 줄기와 잎 그림을 아래에 완성하시오.

키
(14 | 2는 142 cm)

줄기	잎
14	2
15	
16	
17	
18	

05 잎이 가장 적은 줄기를 구하시오.

06 키가 160 cm 미만인 학생은 몇 명인지 구하시오.

[07~12] 다음은 어느 기타 강습반 회원들의 나이를 조사하여 나타낸 줄기와 잎 그림이다.

나이

(1 | 0은 10세)

줄기	잎
1	0 3 4 7 7
2	0 0 2 4 4 5
3	4 6 6 8
4	2 2

07 기타 강습반의 전체 회원은 몇 명인지 구하시오.

> **TIP** 잎의 수를 세어 변량의 전체 개수를 구한다.

08 다음 □ 안에 알맞은 수를 쓰시오.

> 잎이 가장 많은 줄기는 ☐ 이므로 회원 수
> 가 가장 많은 나이대는 20대이다.

09 나이가 가장 적은 학생의 나이를 구하시오.

10 나이가 세 번째로 많은 회원의 나이를 구하시오.

11 나이가 20세 이상 30세 미만인 회원은 몇 명인지 구하시오.

12 나이가 34세 이상인 회원은 몇 명인지 구하시오.

[13~19] 아래는 민재네 반 남학생들의 몸무게를 조사하여 나타낸 줄기와 잎 그림이다. 다음 중 옳은 것에는 ○표, 틀린 것에는 ×표를 하시오.

몸무게

(3 | 3은 33 kg)

줄기	잎
3	3 4 6 7
4	0 1 2 2 6
5	2 3 5
6	1 3

13 민재네 반 전체 남학생은 14명이다.　　(　　)

14 민재네 반 남학생 중에는 몸무게가 서로 같은 학생이 없다.　　(　　)

15 몸무게가 여섯 번째로 가벼운 남학생의 몸무게는 40 kg이다.　　(　　)

16 민재의 몸무게가 46 kg일 때, 민재보다 몸무게가 무거운 학생은 5명이다.　　(　　)

17 몸무게가 40 kg 이상 50 kg 미만인 남학생은 8명이다.　　(　　)

18 잎이 가장 많은 줄기는 6이다.　　(　　)

19 몸무게가 가장 무거운 학생과 몸무게가 가장 가벼운 학생의 몸무게의 차는 30 kg이다.　　(　　)

02 도수분포표

학습날짜 :   월   일 / 학습결과 :

1. 계급: 변량을 일정한 간격으로 나눈 구간

2. 계급의 크기: 구간의 너비

3. 도수: 각 계급에 속하는 자료의 개수

4. 도수분포표: 주어진 자료를 몇 개의 계급으로 나누어 각 계급에 속하는 도수를 조사하여 나타낸 표

참고 도수분포표를 만들 때 계급의 개수는 보통 5~15 정도로 하는 것이 좋다.

계급의 개수는 6, 계급의 크기는 10점이다. ⟶

예   도수분포표

국어 성적(점)	학생 수(명)
$40^{이상} \sim 50^{미만}$	1
50 ~ 60	2
60 ~ 70	5
70 ~ 80	7
80 ~ 90	3
90 ~ 100	2
합계	20

정답과 풀이 32쪽

[01~03] 다음은 소현이네 반 학생들이 하루 동안 보낸 문자 메시지의 수를 조사한 것이다. 물음에 답하시오.

(단위 : 건)

29	5	28	33	9	10	26	16	18	31
22	29	16	24	20	25	7	27	19	13

01 가장 작은 변량과 가장 큰 변량을 차례대로 구하시오.

02 가장 작은 변량이 속하는 계급을 5건 이상 10건 미만으로 할 때, 가장 큰 변량이 속하는 계급을 구하시오.

TIP 가장 작은 변량과 가장 큰 변량을 알면 계급의 크기와 개수를 정할 수 있다.

03 계급의 크기를 5건으로 하여 위의 자료에 대한 도수분포표를 아래에 완성하시오.

문자 메시지의 수(건)	학생 수(명)
$5^{이상} \sim 10^{미만}$	3
합계	20

TIP 도수분포표는 각 계급에 속하는 자료의 개수를 세어 그 도수를 나타낸 표이다.

[04~06] 다음은 어느 중학교 농구 동아리 학생들의 키를 조사한 것이다. 물음에 답하시오.

(단위 : cm)

162	155	167	182	172	163	157
181	160	157	181	162	168	163
157	163	177	181	158	160	160

04 가장 작은 변량과 가장 큰 변량을 각각 구하시오.

05 가장 작은 변량이 속하는 계급을 155 cm 이상 160 cm 미만으로 할 때, 계급은 모두 몇 개가 되는지 구하시오.

06 계급의 크기를 5 cm로 하여 위의 자료에 대한 도수분포표를 완성하시오.

키(cm)	학생 수(명)
$155^{이상} \sim 160^{미만}$	
합계	

[07~13] 아래는 어느 반 학생들의 100 m 달리기 기록을 조사하여 나타낸 도수분포표이다. 다음을 구하시오.

100 m 달리기 기록(초)	학생 수(명)
13^{이상} ~ 15^{미만}	1
15 ~ 17	A
17 ~ 19	11
19 ~ 21	9
21 ~ 23	3
합계	30

07 계급의 크기

08 계급의 개수

09 A의 값

10 도수가 가장 큰 계급

11 100 m 달리기 기록이 세 번째로 빠른 학생이 속한 계급

12 도수가 3명인 계급

13 100 m 달리기 기록이 17초 이상인 학생의 수

[14~20] 아래는 어느 가게의 고구마 한 상자에 들어 있는 고구마의 무게를 측정하여 나타낸 도수분포표이다. 다음을 구하시오.

무게(g)	고구마의 수(개)
35^{이상} ~ 40^{미만}	2
40 ~ 45	4
45 ~ 50	3
50 ~ 55	7
55 ~ 60	A
60 ~ 65	3
합계	24

14 계급의 크기

15 계급의 개수

16 A의 값

17 도수가 가장 큰 계급

18 무게가 네 번째로 가벼운 고구마가 속한 계급

19 도수가 2개인 계급

20 무게가 55 g 미만인 고구마의 수

01 줄기와 잎 그림

[01~03] 아래는 영선이가 가입한 동아리 학생들의 수학 성적을 조사하여 나타낸 줄기와 잎 그림이다. 다음 물음에 답하시오.

수학 성적

(5 | 2는 52점)

줄기			잎			
5	2	5	8			
6	1	3	7	9		
7	0	2	2	5	7	
8	4	6	8	9		
9	0	1				

1 영선이네 동아리 학생은 모두 몇 명인가?

① 16명   ② 17명   ③ 18명
④ 19명   ⑤ 20명

2 잎의 개수가 가장 적은 줄기는?

① 5   ② 6   ③ 7
④ 8   ⑤ 9

3 영선이의 수학 성적이 88점일 때, 영선이보다 수학 성적이 좋은 학생은 몇 명인가?

① 3명   ② 4명   ③ 5명
④ 6명   ⑤ 7명

02 도수분포표

4 다음 □ 안에 들어갈 것을 알맞게 차례로 쓴 것은?

변량을 일정한 간격으로 나눈 구간을 [ ], 구간의 너비를 계급의 [ ], 각 계급에 속하는 자료의 개수를 그 계급의 [ ]라고 한다.

① 자료, 개수, 변량   ② 자료, 크기, 도수
③ 계급, 개수, 변량   ④ 계급, 크기, 도수
⑤ 계급, 크기, 변량

[05~08] 오른쪽은 어느 반 학생들이 가지고 있는 필기구의 수를 조사하여 나타낸 도수분포표이다. 다음 물음에 답하시오.

필기구의 수(개)	학생 수(명)
0^{이상} ~ 2^{미만}	9
2 ~ 4	12
4 ~ 6	A
6 ~ 8	5
8 ~ 10	4
합계	40

5 A의 값은?

① 10   ② 11   ③ 12
④ 13   ⑤ 14

6 도수가 가장 큰 계급과 가장 작은 계급의 도수의 차는?

① 6   ② 7   ③ 8
④ 9   ⑤ 10

7 필기구가 다섯 번째로 많은 학생이 속하는 계급을 구하시오.

8 필기구가 4개 이상인 학생은 몇 명인가?

① 19명   ② 21명   ③ 23명
④ 25명   ⑤ 27명

꼭 알아야 할 개념

	1차	2차	시험 직전
줄기와 잎 그림으로 나타내기			
도수분포표로 나타내기			
줄기와 잎 그림 또는 도수분포표로 나타낸 자료 이해하기			

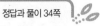
[01~03] 아래는 1학년 1반 학생들의 휴대 전화에 등록된 친구의 수를 조사하여 나타낸 줄기와 잎 그림이다. 다음 물음에 답하시오.

친구의 수

(1 | 3은 13명)

줄기	잎
1	3 4 9
2	1 1 5 8
3	2 4 4 7 9 9
4	0 1 5 6 6
5	5 8

1 다음 설명 중 옳지 <u>않은</u> 것은?

① 1학년 1반 전체 학생은 20명이다.

② 잎이 가장 많은 줄기는 3이다.

③ 친구의 수가 30명 미만인 학생은 9명이다.

④ 친구의 수가 40명 이상인 학생은 7명이다.

⑤ 친구의 수가 세 번째로 많은 학생의 친구의 수는 46이다.

2 친구가 45명 이상인 학생은 전체의 몇 %인가?

① 10 %　　② 15 %　　③ 20 %

④ 25 %　　⑤ 30 %

3 오른쪽은 위의 줄기와 잎 그림을 도수분포표로 나타낸 것이다. A의 값은?

친구 수(명)	학생 수(명)
10^{이상} ~ 20^{미만}	3
20 ~ 30	4
30 ~ 40	A
40 ~ 50	5
50 ~ 60	2
합계	

① 3　　② 4

③ 5　　④ 6

⑤ 7

[04~05] 오른쪽은 어느 가게에서 하루에 판매된 음료수의 수를 한 달 동안 조사하여 나타낸 도수분포표이다. 다음 물음에 답하시오.

음료수의 수(개)	날 수(일)
6^{이상} ~ 12^{미만}	5
12 ~ 18	12
18 ~ 24	A
24 ~ 30	4
30 ~ 36	B
합계	30

4 A가 B의 2배일 때, A의 값을 구하시오.

5 다음 설명 중 옳은 것은?

① 도수가 가장 작은 계급은 24개 이상 30개 미만이다.

② 도수가 가장 큰 계급은 18개 이상 24개 미만이다.

③ 판매된 음료수의 수가 18개 미만인 날 수는 17이다.

④ 음료수가 여섯 번째로 많이 팔린 날이 속하는 계급의 도수는 5일이다.

⑤ 도수가 가장 큰 계급과 도수가 가장 작은 계급의 도수의 차는 8이다.

난 풀 수 있다. 고난도!!

도전 고난도

6 오른쪽은 유주네 반 학생들의 일주일 동안의 동영상 강의 시청 시간을 조사하여 나타낸 도수분포표이다. 동영상 강의 시청 시간이 4시간 미만인 학생이 전체의 40 %일 때, A, B의 값을 각각 구하시오.

시청 시간(시간)	학생 수(명)
0^{이상} ~ 2^{미만}	5
2 ~ 4	A
4 ~ 6	15
6 ~ 8	7
8 ~ 10	2
합계	B

03 히스토그램

1. 히스토그램: 도수분포표에서 계급의 크기를 가로로, 각 계급의 도수를 세로로
하는 직사각형을 차례로 그려 나타낸 그래프

2. 히스토그램 그리는 방법

① 가로축에 각 계급의 양 끝값을 쓴다.

② 세로축에 도수를 쓴다. ──▶ 가로축과 세로축의 끝부분에 각각 계급과 도수의 단위를 쓴다.

③ 각 계급의 크기를 가로로, 도수를 세로로 하는 직사각형을 차례로 그린
다. ──▶ 계급의 크기는 일정하므로 직사각형의 가로의 길이는 일정하다.

참고 (히스토그램의 직사각형의 넓이의 합)＝(계급의 크기)×(전체 도수)

3. 히스토그램의 각 직사각형의 넓이는 세로의 길이인 각 계급의 도수에 정비례한다.

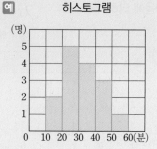

예 **히스토그램**

정답과 풀이 34쪽

01 다음은 어느 반 학생들의 일주일 동안의 독서 시간
을 조사하여 나타낸 도수분포표이다. 이 도수분포표
를 히스토그램으로 나타내시오.

독서 시간(분)	학생 수(명)
$30^{이상} \sim 60^{미만}$	3
60 ～ 90	4
90 ～ 120	6
120 ～ 150	8
150 ～ 180	5
180 ～ 210	4
합계	30

↓

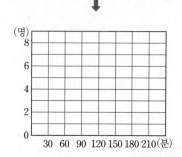

TIP 히스토그램에서 가로축은 계급, 세로축은 도수를 나타낸다.

02 다음은 윤재네 반 학생들이 즐겨 먹는 간식의 100 g
당 열량을 조사하여 나타낸 도수분포표이다. 이 도수
분포표를 히스토그램으로 나타내시오.

열량(kcal)	간식의 수(개)
$0^{이상} \sim 100^{미만}$	1
100 ～ 200	3
200 ～ 300	5
300 ～ 400	6
400 ～ 500	7
500 ～ 600	5
600 ～ 700	3
합계	30

↓

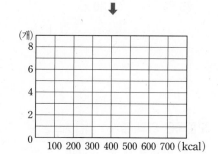

[03~08] 아래 그림은 시우네 반 학생들의 일주일 동안의 휴대 전화 통화 시간을 조사하여 나타낸 히스토그램이다. 다음을 구하시오.

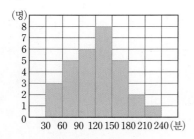

03 시우네 반 전체 학생의 수

04 계급의 크기

05 도수가 가장 큰 계급

06 통화 시간이 세 번째로 긴 학생이 속하는 계급

07 통화 시간이 120분 이상 180분 미만인 학생의 수

08 시우의 일주일 동안의 휴대 전화 통화 시간이 150분일 때, 시우보다 통화 시간이 적은 학생의 수

[09~14] 아래 그림은 1학년 2반 학생들의 줄넘기 횟수를 조사하여 나타낸 히스토그램이다. 다음을 구하시오.

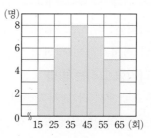

09 1학년 2반 전체 학생의 수

10 계급의 크기

11 도수가 가장 작은 계급

12 줄넘기 횟수가 다섯 번째로 적은 학생이 속하는 계급

13 줄넘기 횟수가 25회 이상 45회 미만인 학생의 수

14 히스토그램의 각 직사각형의 넓이의 합

> **TIP** 히스토그램에서 각 계급의 직사각형의 넓이는
> (계급의 크기) × (그 계급의 도수)
> 를 계산하여 구하고 단위는 생략한다.

04 도수분포다각형

1. 도수분포다각형: 히스토그램에서 양 끝에 도수가 0인 계급을 하나씩 더 만들고, 각 직사각형의 윗변의 중점을 선분으로 연결한 그래프

예 도수분포다각형

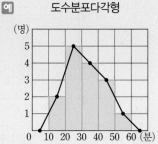

2. 도수분포다각형 그리는 방법

① 히스토그램에서 각 직사각형의 윗변의 중점을 찍는다.

② 히스토그램의 양 끝에 도수가 0인 계급이 더 있는 것으로 생각하여 그 계급의 중점을 찍는다. ⟶ 그래프에 찍힌 점의 개수는 처음 제시된 계급의 개수보다 2개 더 많다.

③ 위의 ①, ②에서 찍은 점을 선분으로 연결한다.

참고 도수분포다각형과 가로축으로 둘러싸인 부분의 넓이는 히스토그램의 직사각형의 넓이의 합과 같다.

정답과 풀이 35쪽

[01~04] 아래 그림은 어느 반 학생들의 하루 동안의 자기주도학습 시간을 조사하여 나타낸 히스토그램이다. 다음 물음에 답하시오.

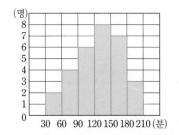

01 위의 히스토그램 위에 도수분포다각형을 그리시오.

> **TIP** 히스토그램의 양 끝에 도수가 0이고 크기가 같은 계급을 하나씩 더 추가하고, 각 계급의 중점을 차례로 선분으로 연결한다.

02 전체 학생은 몇 명인지 구하시오.

03 도수가 가장 큰 계급을 구하시오.

04 자기주도학습 시간이 150분 이상 180분 미만인 학생은 몇 명인지 구하시오.

[05~06] 오른쪽은 어느 농구 팀 선수들의 10분 동안의 자유투 점수 기록을 조사하여 나타낸 도수분포표이다. 다음 물음에 답하시오.

점수(점)	선수 수(명)
15^{이상} ~ 25^{미만}	1
25 ~ 35	5
35 ~ 45	8
45 ~ 55	7
55 ~ 65	6
65 ~ 75	3
합계	30

05 위의 도수분포표를 이용하여 히스토그램과 도수분포다각형을 그리시오.

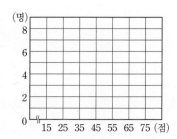

> **TIP** 도수분포다각형에서 점의 개수는 도수분포표에서의 계급의 개수보다 2개 더 많다.

06 자유투 점수가 55점 이상인 선수는 몇 명인지 구하시오.

[07~11] 아래 그림은 윤지네 반 학생들이 일주일 동안 컴퓨터실을 이용한 시간을 조사하여 나타낸 도수분포다각형이다. 다음 중 옳은 것에는 ○표, 틀린 것에는 ×표를 하시오.

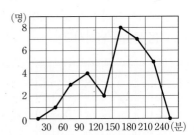

07 윤지네 반 전체 학생은 35명이다.　　(　　　)

08 컴퓨터실을 이용한 시간이 90분 이상 150분 미만인 학생은 6명이다.　　　　　(　　　)

09 컴퓨터실을 이용한 시간이 3시간 이상인 학생은 12명이다.　　　　　　(　　　)

> TIP 3시간 이상인 학생 수는 180분보다 오른쪽에 있는 점의 세로축 좌표의 값들의 합이다.

10 도수가 가장 작은 계급은 0분 이상 30분 미만이다.
　　　　　　　　　　　(　　　)

11 도수가 가장 큰 계급과 도수가 가장 작은 계급의 도수의 차는 8이다.　　　　(　　　)

[12~16] 아래 그림은 어느 동아리의 학생들이 알고 있는 우리나라 구전 동요의 수를 조사하여 나타낸 도수분포다각형이다. 다음을 구하시오.

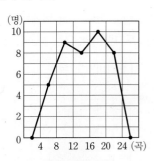

12 이 동아리의 전체 학생의 수

13 알고 있는 구전 동요의 수가 16곡 이상인 학생의 수

14 도수가 가장 큰 계급

15 도수가 가장 큰 계급과 도수가 가장 작은 계급의 도수의 차

16 도수분포다각형과 가로축으로 둘러싸인 부분의 넓이

> TIP 구하고자 하는 넓이는 히스토그램의 각 직사각형의 넓이의 합과 같음을 이용하고 단위는 생략한다.

03 히스토그램

[01~04] 아래 그림은 어느 학급 학생들의 비만도를 조사하여 나타낸 히스토그램이다. 다음 물음에 답하시오.

$$\left(단, (비만도)=\frac{(현재\ 체중)}{(표준\ 체중)}\times100(\%)\right)$$

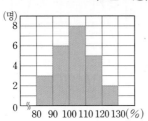

1 이 학급의 전체 학생은 몇 명인가?

① 20명　② 22명　③ 24명
④ 26명　⑤ 28명

2 도수가 가장 큰 계급은?

① 80 % 이상 90 % 미만
② 90 % 이상 100 % 미만
③ 100 % 이상 110 % 미만
④ 110 % 이상 120 % 미만
⑤ 120 % 이상 130 % 미만

3 비만도에 따른 구분이 다음 표와 같을 때, 비만인 학생 수와 수척인 학생 수의 차는?

비만도	구분
120 % 이상	비만
110 % 이상 120 % 미만	과체중
90 % 이상 110 % 미만	정상
90 % 미만	수척

① 1　② 2　③ 3
④ 4　⑤ 5

4 이 학급에서 비만도가 네 번째로 높은 학생이 속하는 계급의 도수는?

① 2명　② 3명　③ 5명
④ 6명　⑤ 8명

04 도수분포다각형

[05~07] 아래 그림은 상희네 반 학생들이 학교 도서관에서 한 학기 동안 대여한 책의 수를 조사하여 나타낸 도수분포다각형이다. 다음 물음에 답하시오.

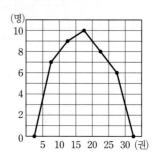

5 가장 많은 학생이 속한 계급의 도수를 a명, 가장 적은 학생이 속한 계급의 도수를 b명이라고 할 때, $a+b$의 값은?

① 12　② 13　③ 14
④ 15　⑤ 16

6 상희네 반 학생들 중 학교 도서관에서 책을 10번째로 적게 대여한 학생이 속하는 계급은?

① 5권 이상 10권 미만
② 10권 이상 15권 미만
③ 15권 이상 20권 미만
④ 20권 이상 25권 미만
⑤ 25권 이상 30권 미만

7 대여한 책이 15권 미만인 학생은 전체의 몇 %인가?

① 35 %　② 40 %　③ 45 %
④ 50 %　⑤ 55 %

꼭 알아야 할 개념

	1차	2차	시험 직전
히스토그램으로 나타내기			
도수분포다각형으로 나타내기			
히스토그램 또는 도수분포다각형으로 나타낸 자료 이해하기			

[01~03] 아래 그림은 어느 반 학생들이 1분 동안 팔굽혀펴기를 한 횟수를 조사하여 나타낸 히스토그램이다. 다음 물음에 답하시오.

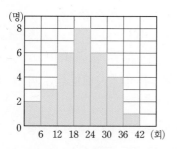

1 다음 설명 중 옳지 않은 것은?

① 전체 학생은 30명이다.
② 팔굽혀펴기 횟수가 18회 미만인 학생은 11명이다.
③ 도수가 가장 큰 계급은 18회 이상 24회 미만이다.
④ 팔굽혀펴기를 세 번째로 많이 한 학생이 속하는 계급의 도수는 6명이다.
⑤ 팔굽혀펴기를 가장 적게 한 학생이 속하는 계급의 도수는 2명이다.

2 팔굽혀펴기 횟수가 6회 이상 18회 미만인 학생은 전체의 몇 %인가?

① 30 %   ② 35 %   ③ 40 %
④ 45 %   ⑤ 50 %

3 히스토그램의 각 직사각형의 넓이의 합은?

① 120   ② 150   ③ 180
④ 210   ⑤ 240

[04~05] 아래 그림은 인라인 스케이트 동호회 회원들의 몸무게를 조사하여 나타낸 도수분포다각형이다. 다음 물음에 답하시오.

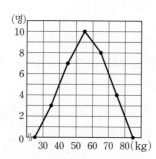

4 다음 설명 중 옳은 것은?

① 전체 회원은 35명이다.
② 몸무게가 60 kg 이상인 회원은 8명이다.
③ 몸무게가 40 kg인 회원이 속한 계급의 도수는 3명이다.
④ 몸무게가 72 kg인 회원이 속한 계급의 회원 수는 전체 회원 수의 20 %이다.
⑤ 도수가 가장 큰 계급과 도수가 가장 작은 계급의 도수의 차는 7이다.

5 몸무게가 다섯 번째로 많이 나가는 회원이 속한 계급의 회원 수는 전체 회원 수의 몇 %인가?

① 20 %   ② 25 %   ③ 30 %
④ 35 %   ⑤ 40 %

난 풀 수 있다. 고난도!!

도전 고난도

6 아래 그림은 서율이네 반 학생들의 키를 조사하여 나타낸 도수분포다각형인데 일부가 찢어져서 보이지 않는다. 키가 160 cm 미만인 학생이 전체의 44 %일 때, 도수분포다각형과 가로축으로 둘러싸인 부분의 넓이를 구하시오.

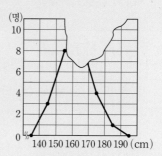

05 상대도수

1. 상대도수: 전체 도수에 대한 각 계급의 도수의 비율

$$(어떤 \ 계급의 \ 상대도수) = \frac{(그 \ 계급의 \ 도수)}{(전체 \ 도수)}$$

2. 상대도수는 0 이상 1 이하의 수로 나타나고, 상대도수의 합은 항상 1이다.

3. 상대도수의 분포표: 도수분포표에서 각 계급의 상대도수를 구하여 만든 표

4. 상대도수의 분포표를 그래프로 나타낼 때에는 가로축에는 계급, 세로축에는 상대도수를 써 넣어 히스토그램이나 도수분포다각형으로 나타낸다.

예   상대도수의 분포표

통학 시간(분)	상대도수
0^{이상}~ 10^{미만}	0.1
10 ~ 20	0.25
20 ~ 30	0.35
30 ~ 40	0.25
40 ~ 50	0.05
합계	1

상대도수의 분포를 나타낸 히스토그램과 도수분포다각형

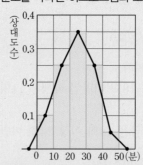

참고 (백분율)=(상대도수)×100(%)

정답과 풀이 37쪽

[01~05] 다음은 어느 농원의 소나무 25그루가 한 해 동안 자란 높이를 조사하여 나타낸 도수분포표이다. ☐ 안에 알맞은 수를 쓰시오.

높이(cm)	도수(그루)
45^{이상}~ 50^{미만}	4
50 ~ 55	5
55 ~ 60	9
60 ~ 65	7
합계	25

01 높이가 45 cm 이상 50 cm 미만인 계급의 도수는 ☐ 그루이므로 이 계급의 상대도수는

$$\frac{\Box}{25} = \Box$$

TIP 어떤 계급의 상대도수는 그 계급의 도수를 전체 도수로 나눈 값이다.

02 높이가 50 cm 이상 55 cm 미만인 계급의 도수는 ☐ 그루이므로 이 계급의 상대도수는

$$\frac{\Box}{25} = \Box$$

03 높이가 55 cm 이상 60 cm 미만인 계급의 도수는 ☐ 그루이므로 이 계급의 상대도수는

$$\frac{\Box}{25} = \Box$$

04 높이가 60 cm 이상 65 cm 미만인 계급의 도수는 ☐ 그루이므로 이 계급의 상대도수는

$$\frac{\Box}{25} = \Box$$

05 위의 **01~04**의 내용을 참고하여 아래의 상대도수의 분포표를 완성하시오.

높이(cm)	상대도수
45^{이상}~ 50^{미만}	
50 ~ 55	
50 ~ 60	
60 ~ 65	
합계	

TIP 상대도수의 합은 항상 1이다.

이용 시간(시간)	도수(명)	상대도수
2^{이상} ~ 3^{미만}	8	
3 ~ 4	14	
4 ~ 5	12	
5 ~ 6	10	
6 ~ 7	6	
합계	50	

06 위의 표를 완성하시오.

07 위의 표를 이용하여 상대도수의 분포를 히스토그램 모양과 도수분포다각형 모양의 그래프로 그리시오.

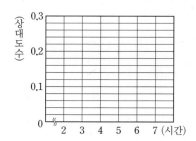

TIP 상대도수의 분포를 나타낸 그래프에서 가로축은 계급, 세로축은 상대도수이다.

08 아래 그림은 어느 인터넷 쇼핑몰에 접속하는 회원들의 나이를 조사하여 상대도수의 분포를 그래프로 나타낸 것이다. □ 안에 알맞은 수를 쓰시오.

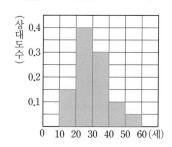

나이가 40세 이상 50세 미만인 회원의 상대도수는 □ 이므로 나이가 40세 이상 50세 미만인 회원은 전체의 □ %이다.

[09~12] 아래는 어느 반 학생 20명의 허리둘레를 조사하여 나타낸 표이다. 다음 물음에 답하시오.

허리둘레(cm)	도수(명)	상대도수
66^{이상} ~ 70^{미만}	1	0.05
70 ~ 74	2	0.1
74 ~ 78	4	0.2
78 ~ 82	A	0.3
82 ~ 86	5	B
86 ~ 90	2	0.1
합계	20	C

09 □ 안에 알맞은 수를 쓰시오.

전체 도수가 20명이고, 허리둘레가 78 cm 이상 82 cm 미만인 계급의 상대도수는 0.3이다. 즉,

$$\frac{A}{\boxed{}} = \boxed{} \text{이므로 } A = \boxed{}$$

TIP (어떤 계급의 상대도수)$=\dfrac{(그 계급의 도수)}{(전체 도수)}$

(어떤 계급의 도수)$=$(전체 도수)$\times$(그 계급의 상대도수)

10 B의 값을 구하시오.

11 C의 값을 구하시오.

12 위의 표를 이용하여 상대도수의 분포를 도수분포다각형 모양으로 그리시오.

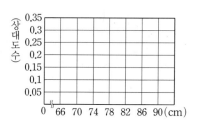

06 두 자료의 비교

학습날짜 : 월 일 / 학습결과 : 😊 😐 😣

전체 도수가 다른 두 자료에서는 각 계급의 도수 대신 상대도수를 비교하는 것이 더 적절하다.

예 A반과 B반의 수학 성적을 조사하여 나타낸 자료

수학 성적(점)	A반		B반	
	도수(명)	상대도수	도수(명)	상대도수
$60^{이상} \sim 70^{미만}$	3	0.15	3	0.12
70 ~ 80	7	0.35	8	0.32
80 ~ 90	8	0.4	10	0.4
90 ~ 100	2	0.1	4	0.16
합계	20	1	25	1

두 자료의 상대도수의 분포표

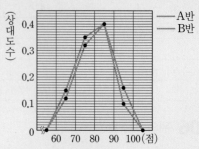

두 자료의 상대도수의 분포를 나타낸 그래프

참고 위의 표와 그래프에서 수학 성적을 비교하면

• 60점 이상 70점 미만인 학생은 A반과 B반이 3명으로 같지만 각 반에서 차지하는 비율은 A반이 B반보다 높다.

• 80점 이상 90점 미만인 학생의 수는 A반보다 B반이 많지만 각 반에서 차지하는 비율은 0.4로 같다.

정답과 풀이 37쪽

[01~05] 아래는 어느 미술 동호회 회원들과 음악 동호회 회원들의 일주일 동안의 연습 시간을 조사하여 나타낸 표이다. 다음 물음에 답하시오.

미술 동호회

연습 시간(시간)	도수(명)	상대도수
$0^{이상} \sim 1^{미만}$	6	0.15
1 ~ 2	8	0.2
2 ~ 3	12	A
3 ~ 4	10	0.25
4 ~ 5	4	B
합계	40	1

음악 동호회

연습 시간(시간)	도수(명)	상대도수
$0^{이상} \sim 1^{미만}$	6	0.12
1 ~ 2	11	0.22
2 ~ 3	15	0.3
3 ~ 4	10	C
4 ~ 5	8	0.16
합계	50	1

01 A의 값을 구하시오.

02 B의 값을 구하시오.

03 C의 값을 구하시오.

04 연습 시간이 3시간 이상 4시간 미만인 회원의 비율이 더 큰 동호회는 어느 동호회인지 구하시오.

TIP 상대도수는 각 계급이 전체에서 차지하는 비율이다.

05 주어진 두 표를 이용하여 상대도수의 분포를 나타내는 그래프를 도수분포다각형 모양으로 그리시오.

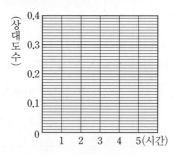

[06~10] 아래는 어느 학교 1학년의 남학생과 여학생의 하루 평균 스마트폰 사용 시간을 조사하여 나타낸 표이다. 다음 물음에 답하시오.

사용 시간 (시간)	남학생		여학생	
	도수(명)	상대도수	도수(명)	상대도수
$0^{이상} \sim 1^{미만}$	10	0.1	4	0.05
1 ~ 2	15	0.15	20	0.25
2 ~ 3	35	A	24	0.3
3 ~ 4	20	0.2	16	B
4 ~ 5	14	0.14	12	0.15
5 ~ 6	6	0.06	4	0.05
합계	100	1	80	1

06 A의 값을 구하시오.

07 B의 값을 구하시오.

08 하루 평균 스마트폰 사용 시간이 4시간 이상 5시간 미만인 회원의 수가 더 많은 것은 남학생인지 여학생인지 구하시오.

09 하루 평균 스마트폰 사용 시간이 4시간 이상 5시간 미만인 회원의 비율이 더 높은 것은 남학생인지 여학생인지 구하시오.

> **TIP** 각 계급의 도수가 전체에서 차지하는 비율을 알고자 할 때에는 상대도수를 구하여 비교한다.

10 주어진 두 표를 이용하여 상대도수의 분포를 나타내는 그래프 2개를 도수분포다각형 모양으로 그리시오.

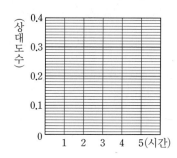

[11~15] 아래 그림은 A 마트와 B 마트에서 판매하는 배의 무게를 조사하여 상대도수의 분포를 각각 그래프로 나타낸 것이다. 다음 중 옳은 것에는 ○표, 틀린 것에는 ×표를 하시오.

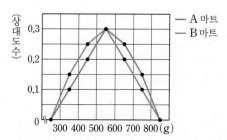

11 배의 무게가 400 g 이상 500 g 미만인 계급의 상대도수는 B 마트가 A 마트보다 더 크다. (   )

12 배의 무게가 500 g 이상 600 g 미만인 배의 비율이 더 높은 것은 A 마트이다. (   )

13 무게가 700 g 이상 800 g 미만인 배의 수는 B 마트에서 판매하는 전체 배의 수의 10 %이다.
(   )

> **TIP** (백분율)=(상대도수)×100(%)

14 A 마트에서 판매하는 배의 개수가 200개일 때, A 마트에서 판매하는 배 중 무게가 500 g 이상 600 g 미만인 배는 60개이다. (   )

15 무게가 600 g 이상인 배가 상대적으로 더 많은 마트는 B 마트이다. (   )

> **TIP** 상대적으로 더 크다는 것은 상대도수가 더 크다는 의미이다.

05 상대도수

[01~04] 아래는 어느 반 학생들의 영어 성적을 조사하여 나타낸 상대도수의 분포표이다. 다음 물음에 답하시오.

영어 성적(점)	상대도수
50^{이상} ~ 60^{미만}	0.05
60 ~ 70	0.25
70 ~ 80	0.35
80 ~ 90	A
90 ~ 100	0.15
합계	

1 A의 값은?

① 0.1   ② 0.15   ③ 0.2

④ 0.25   ⑤ 0.3

2 영어 성적이 70점 미만인 계급들의 상대도수의 합은?

① 0.1   ② 0.15   ③ 0.2

④ 0.25   ⑤ 0.3

3 영어 성적인 80점 이상인 학생들은 전체의 몇 %인가?

① 15 %   ② 20 %   ③ 25 %

④ 30 %   ⑤ 35 %

4 이 반 학생들이 모두 20명일 때, 70점 이상 80점 미만인 학생들은 몇 명인가?

① 3명   ② 4명   ③ 5명

④ 6명   ⑤ 7명

06 두 자료의 비교

[05~07] 아래 그림은 어느 중학교 1학년과 2학년 학생들의 일주일 동안의 인터넷 이용 시간에 대한 상대도수의 분포를 나타낸 그래프이다. 다음 물음에 답하시오.

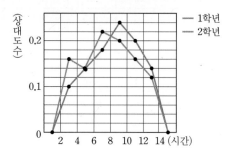

5 2학년의 상대도수가 1학년의 상대도수보다 더 큰 계급을 모두 고르면? (정답 2개)

① 2시간 이상 4시간 미만

② 4시간 이상 6시간 미만

③ 6시간 이상 8시간 미만

④ 8시간 이상 10시간 미만

⑤ 10시간 이상 12시간 미만

6 인터넷 이용 시간의 비율이 서로 같은 계급을 구하시오.

7 인터넷 이용 시간이 10시간 이상인 학생이 상대적으로 더 많은 학년을 구하시오.

꼭 알아야 할 개념	1차	2차	시험 직전
상대도수 구하기			
상대도수의 분포를 표와 그래프로 나타내기			
두 자료 비교하기			

[01~02] 아래 그림은 지호네 반 학생들의 1년 동안의 예금액에 대한 상대도수의 분포를 나타낸 그래프이다. 다음 물음에 답하시오.

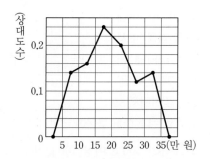

1 다음 설명 중 옳지 <u>않은</u> 것은?

① 예금액이 15만 원 미만인 학생은 전체의 16 %이다.

② 도수가 가장 많은 계급은 15만 원 이상 20만 원 미만이다.

③ 지호의 예금액이 17만 원일 때, 지호가 속한 계급의 상대도수는 0.24이다.

④ 예금액이 20만 원 미만인 학생이 20만 원 이상인 학생보다 많다.

⑤ 예금액이 5만 원 이상 10만 원 미만인 계급과 30만 원 이상 35만 원 미만인 계급은 도수가 같다.

2 전체 학생이 100명일 때, 1년 동안 30만 원 이상 예금한 학생은 몇 명인가?

① 12명   ② 14명   ③ 16명
④ 18명   ⑤ 20명

3 다음은 어느 반 학생들의 일주일 동안의 컴퓨터 사용 시간을 조사하여 나타낸 표인데 일부가 찢어져서 보이지 않는다. 전체 학생은 몇 명인가?

사용 시간(시간)	도수(명)	상대도수
1이상 ~ 2미만	2	0.04

① 20명   ② 30명   ③ 40명
④ 50명   ⑤ 60명

[04~05] 아래 그림은 A 중학교와 B 중학교 학생들의 통학 시간에 대한 상대도수의 분포를 나타낸 그래프이다. 다음 물음에 답하시오.

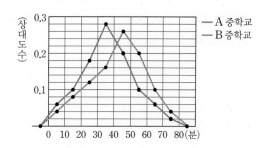

4 다음 중 옳지 <u>않은</u> 것은?

① 통학 시간이 50분 이상인 학생의 비율은 B 중학교가 A 중학교보다 높다.

② 통학 시간이 30분 미만인 학생의 비율은 A 중학교가 B 중학교보다 높다.

③ B 중학교에서 도수가 가장 큰 계급은 A 중학교에서 도수가 두 번째로 큰 계급과 같다.

④ 통학 시간이 50분 이상 60분 미만인 계급의 도수는 B 중학교가 A 중학교의 2배이다.

⑤ B 중학교 학생의 통학 시간이 A 중학교 학생의 통학 시간보다 상대적으로 더 길다.

5 A 중학교 학생이 200명, B 중학교 학생이 300명일 때, 등교 시간이 40분 이상 50분 미만인 A 중학교 학생 수와 B 중학교 학생 수의 차를 구하시오.

난 풀 수 있다. 고난도!!

도전 고난도

6 오른쪽 그림은 어느 반 학생 40명이 한 달 동안 읽은 책의 수에 대한 상대도수의 분포를 나타낸 그래프이다. 이 그래프의 세로축이 찢어져서 한 눈금의 크기를 알 수 없을 때, 읽은 책의 수가 10권 이상인 학생은 몇 명인지 구하시오.

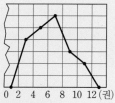

1 아래는 어느 반 학생 25명의 휴대 전화에 등록된 사람의 수를 조사하여 나타낸 도수분포표이다. 등록된 사람의 수가 50명 이상인 학생이 전체의 28 %일 때, 다음 물음에 답하시오.

등록된 사람 수(명)	학생 수(명)
10^{이상}~ 20^{미만}	2
20 ~ 30	4
30 ~ 40	5
40 ~ 50	B
50 ~ 60	A
60 ~ 70	3
합계	25

(1) 등록된 사람의 수가 50명 이상인 학생은 몇 명인지 구하시오.

(2) A의 값을 구하시오.

(3) B의 값을 구하시오.

2 오른쪽 그림은 어느 농장에서 수확한 배 40개의 무게를 조사하여 나타낸 히스토그램인데 일부가 찢어져서 보이지 않는다. 다음 물음에 답하시오.

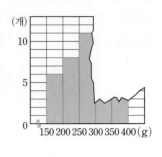

(1) 무게가 300 g 이상 400 g 미만인 배는 몇 개인지 구하시오.

(2) 무게가 300 g 이상 350 g 미만인 배의 수가 350 g 이상 400 g 미만인 배의 수의 2배일 때, 무게가 300 g 이상 350 g 미만인 배는 몇 개인지 구하시오.

3 오른쪽 그림은 어느 봉사 단체 회원들의 나이를 조사하여 나타낸 도수분포다각형이다. 다음 물음에 답하시오.

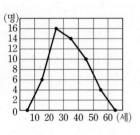

(1) 봉사 단체의 전체 회원은 몇 명인지 구하시오.

(2) 인원 수가 가장 많은 계급의 회원 수는 전체의 몇 %인지 구하시오.

4 아래는 민서네 반 학생들이 놀이공원에서 어떤 놀이 기구를 타려고 기다린 시간을 조사하여 나타낸 표이다. 다음 물음에 답하시오.

기다린 시간(분)	도수(명)	상대도수
0^{이상}~ 10^{미만}	3	0.12
10 ~ 20	A	0.2
20 ~ 30	8	0.32
30 ~ 40	4	0.16
40 ~ 50	3	0.12
50 ~ 60	B	C
합계		1

(1) A, B, C의 값을 각각 구하시오.

(2) 기다린 시간이 40분 이상인 학생은 전체의 몇 %인지 구하시오.

MEMO

MEMO

MEMO

MEMO

필독

문학　　비문학 독해　　문법　　교과서 시　　교과서 소설

중학 국어로 수능 잡기

✦ **필독** 중학 국어로 수능 잡기 시리즈

문학 ─ 비문학 독해 ─ 문법 ─ 교과서 시 ─ 교과서 소설

EBS

하루 한 장으로
규칙적인 수학 습관을 기르자!

한장 수학

중학 수학 1(하)

전체 단원 100% 무료 강의 제공
mid.ebs.co.kr(인터넷)

정답과 풀이

꿈을 키우는 인강

이상미 선생님

최경일 선생님

김정민 선생님

정승익 선생님

이정우 선생님

김청해 선생님

박하얀 선생님

정병욱 선생님

장동준 선생님

정유빈 선생님

김도윤 선생님

최주연 선생님

김지원 선생님

레이나 선생님

시험 대비와 실력향상을 동시에! 교과서별 맞춤 강의

EBS중학프리미엄

정답과 풀이

Ⅴ 기본 도형과 작도

본문 8쪽

01 점, 선, 면

01 교점, 교선		**02** $\overleftrightarrow{AB}$, $\overleftrightarrow{BC}$, $\overleftrightarrow{CA}$	
03 C, A	**04** 선분	**05** 중점	**06** ○
07 ×	**08** 8, 12	**09** 10, 15	**10** $\overleftrightarrow{AB}$
11 $\overline{CD}$	**12** $\overrightarrow{EF}$	**13** $\overrightarrow{HG}$	**14** $\overleftrightarrow{AC}$, $\overleftrightarrow{BC}$
15 $\overrightarrow{AC}$	**16** $\overrightarrow{CB}$	**17** $\overline{BA}$	**18** 8
19 2	**20** A	**21** B	**22** C
23 4	**24** 4	**25** 2	**26** $\dfrac{1}{2}$

06 교점의 개수는 꼭짓점의 개수와 같으므로 4이다.

07 교선의 개수는 모서리의 개수와 같으므로 6이다.

10 두 점 A, B를 지나 양 끝으로 한없이 뻗어나가는 직선이므로 직선 AB이다.

11 두 점 C, D를 양 끝으로 하는 직선의 일부이므로 선분 CD이다.

12 점 E에서 시작하여 점 F의 방향으로 연장한 선이므로 반직선 EF이다.

13 점 H에서 시작하여 점 G의 방향으로 연장한 선이므로 반직선 HG이다.

14 직선 AB는 두 점 A, B를 지나 양 끝으로 한없이 뻗어나가는 직선이므로 $\overleftrightarrow{AC}$, $\overleftrightarrow{BC}$와 같은 직선이다.

15 반직선 AB는 점 A에서 시작하여 점 B의 방향으로 연장한 선이므로 $\overrightarrow{AC}$와 같은 반직선이다.

16 반직선 CA는 점 C에서 시작하여 점 A의 방향으로 연장한 선이므로 $\overrightarrow{CB}$와 같은 반직선이다.

17 선분 AB는 두 점 A, B를 양 끝으로 하는 직선의 일부이므로 $\overline{BA}$와 같은 선분이다.

18 점 A와 점 D 사이의 거리는 $\overline{AD}$의 길이와 같으므로 8 cm이다.

19 점 B와 점 C 사이의 거리는 $\overline{BC}$의 길이와 같으므로 2 cm이다.

20 점 C와의 거리가 6 cm인 점은 점 A이다.

21 $\overline{AB}=\overline{BD}=4$ cm이므로 점 B는 $\overline{AD}$의 중점이다.

22 $\overline{BC}=\overline{CD}=2$ cm이므로 점 C는 $\overline{BD}$의 중점이다.

25 점 B는 $\overline{AD}$의 중점이므로 $\overline{AD}=2\,\overline{BD}$이다.

26 점 C는 $\overline{BD}$의 중점이므로 $\overline{BC}=\dfrac{1}{2}\,\overline{BD}$이다.

본문 10쪽

02 각

01 평각		**02** 180, 직각	
03 60°	**04** 30°	**05** 180°	**06** 120°
07 90°	**08** 55°	**09** 145°	
10 ∠DOE 또는 ∠EOD		**11** ∠BOF 또는 ∠FOB	
12 40°	**13** 75°	**14** 65°	**15** 15°
16 75°	**17** 20°	**18** 직교, ⊥	
19 수직이등분선		**20** 수선의 발	
21 $\overline{CD}$	**22** 점 C	**23** 4 cm	

04 ∠BOC = ∠AOC − ∠AOB
    = 90° − 60°
    = 30°

05 ∠AOD는 두 반직선 OA, OD가 한 직선을 이루므로 평각이다. 따라서 ∠AOD의 크기는 180°이다.

06 ∠BOD = ∠BOC + ∠COD = 30° + 90° = 120°

07 ∠AOC는 직각이므로 90°이다.

08 ∠COD = ∠COB − ∠DOB = 90° − 35° = 55°

09 ∠AOD = ∠AOC + ∠COD = 90° + 55° = 145°
다른 풀이 ∠AOD = ∠AOB − ∠DOB = 180° − 35° = 145°

12 맞꼭지각의 크기는 서로 같으므로 ∠a = 40°

13 맞꼭지각의 크기는 서로 같으므로 ∠b = 75°

14 75° + ∠c + 40° = 180°이므로
    ∠c = 180° − (75° + 40°) = 180° − 115° = 65°

15 2∠x + 90° + 4∠x = 180°이므로
    6∠x = 90°
    ∴ ∠x = 15°

16 오른쪽 그림에서
$60° + \angle x + 45° = 180°$
$\angle x + 105° = 180°$
$\therefore \angle x = 75°$

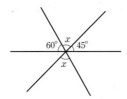

17 오른쪽 그림에서
$4\angle x + 3\angle x + 2\angle x = 180°$
$9\angle x = 180°$
$\therefore \angle x = 20°$

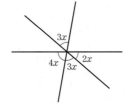

21 $\overline{AD} \perp \overline{CD}$이므로 $\overline{AD}$와 직교하는 선분은 $\overline{CD}$이다.

22 $\overline{BC} \perp \overline{CD}$이므로 점 B에서 $\overline{CD}$에 내린 수선의 발은 점 C이다.

23 점 C와 $\overline{AD}$ 사이의 거리는 점 C에서 $\overline{AD}$에 내린 수선의 발 D까지의 거리, 즉 $\overline{CD}$의 길이와 같다. 이때 $\overline{CD} = 4\,cm$이므로 점 C와 $\overline{AD}$ 사이의 거리는 4 cm이다.

핵심 반복　　　　　　　　　　　　본문 12쪽

1 ②	**2** ①	**3** ⑤	**4** 50°
5 ③	**6** ⑤	**7** ③	

1 사각뿔에서 교점의 개수는 5, 교선의 개수는 8이다.
즉, $a = 5$, $b = 8$이므로 $a + b = 13$

2 시작점과 방향이 각각 같으면 같은 반직선이므로 $\overrightarrow{AC}$와 같은 것은 $\overrightarrow{AB}$이다.

3 $\overline{BN} = \dfrac{1}{2}\overline{BM} = \dfrac{1}{2} \times \dfrac{1}{2}\overline{AB} = \dfrac{1}{4}\overline{AB}$
　　$= \dfrac{1}{4} \times 20 = 5\,(cm)$

4 $(\angle x + 10°) + \angle x + (2\angle x - 30°) = 180°$
$4\angle x - 20° = 180°$, $4\angle x = 200°$
$\therefore \angle x = 50°$

5 맞꼭지각의 크기는 서로 같으므로
$3\angle x - 40° = 2\angle x + 20°$
$\therefore \angle x = 60°$

6 점 A와 $\overline{BC}$ 사이의 거리는 점 A에서 $\overline{BC}$에 내린 수선의 발 B까지의 거리, 즉 $\overline{AB}$의 길이와 같다.
이때 $\overline{AB} = 7\,cm$이므로 $x = 7$

또, 점 C와 $\overline{AB}$ 사이의 거리는 점 C에서 $\overline{AB}$에 내린 수선의 발 B까지의 거리, 즉 $\overline{BC}$의 길이와 같다.
이때 $\overline{BC} = 8\,cm$이므로 $y = 8$
따라서 $x + y = 7 + 8 = 15$

7 $\overline{AB} \perp \overline{AD}$이므로 점 B에서 $\overline{AD}$에 내린 수선의 발은 점 A이고, $\overline{DE} \perp \overline{AC}$이므로 점 D에서 $\overline{AC}$에 내린 수선의 발은 점 E이다.

형성 평가　　　　　　　　　　　　본문 13쪽

1 ⑤	**2** ④	**3** ④	**4** ②, ③
5 ⑤	**6** 95°		

1 그을 수 있는 반직선은 $\overrightarrow{AB}$, $\overrightarrow{AC}$, $\overrightarrow{AD}$, $\overrightarrow{BA}$, $\overrightarrow{BC}$, $\overrightarrow{BD}$, $\overrightarrow{CA}$, $\overrightarrow{CB}$, $\overrightarrow{CD}$, $\overrightarrow{DA}$, $\overrightarrow{DB}$, $\overrightarrow{DC}$의 12개이다.

2 $\overline{AB} = \overline{AC} + \overline{BC}$
　　$= 2\overline{MC} + 2\overline{CN}$
　　$= 2(\overline{MC} + \overline{CN})$
　　$= 2\overline{MN}$
　　$= 2 \times 12$
　　$= 24\,(cm)$

3 $\angle COD = \angle a$라고 하면
$\angle AOC = 3\angle COD = 3\angle a$
또, $\angle DOE = \angle b$라고 하면
$\angle BOE = 3\angle DOE = 3\angle b$
$\angle AOD + \angle BOD$
$= (\angle AOC + \angle COD) + (\angle DOE + \angle BOE)$
$= 180°$
이므로
$3\angle a + \angle a + \angle b + 3\angle b = 180°$
$4(\angle a + \angle b) = 180°$
따라서 $\angle a + \angle b = 45°$이므로
$\angle COE = \angle COD + \angle DOE = \angle a + \angle b = 45°$

4 ① 맞꼭지각의 크기는 서로 같으므로 $\angle a = 30°$이다.
②, ④ $\angle b$와 $\angle c$는 서로 맞꼭지각이다.
③, ⑤ $40° + \angle c + 30° = 180°$이므로
　　$\angle c = 180° - (40° + 30°) = 110°$
　　$\therefore \angle b = \angle c = 110°$ (맞꼭지각)

5 ⑤ $\overline{CE} \perp \overline{DE}$이므로 점 C에서 $\overline{DE}$에 내린 수선의 발은 점 E이다.

6 오른쪽 그림과 같이 맞꼭지 각의 크기는 같으므로

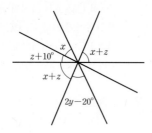

$\angle x + (\angle z + 10°)$
$+ (\angle x + \angle z)$
$+ (2\angle y - 20°)$
$= 2(\angle x + \angle y + \angle z) - 10°$
$= 180°$
즉, $2(\angle x + \angle y + \angle z) = 190°$
따라서 $\angle x + \angle y + \angle z = 95°$

---

03 평면에서의 위치 관계

01 ○	**02** ×	**03** ○	**04** ○
05 점 A, 점 B		**06** 점 A, 점 D	
07 변 AB, 변 CD		**08** 변 CD	**09** 변 BC
10 점 A, 점 D		**11** 변 AB, 변 CD	
12 변 AB	**13** 변 AD	**14** 변 AD, 변 BC	
15 변 CD	**16** 변 BC	**17** 점 A, 점 F	
18 점 A, 점 B, 점 C, 점 F		**19** 변 DE	**20** 변 AF
21 변 AB, 변 CD		**22** 변 AF, 변 DE	
23 변 BC, 변 CD, 변 EF, 변 AF			

02 점 B는 직선 m 위에 있지 않고 직선 l 위에 있다.

03 점 C는 두 직선 l과 m의 교점이므로 직선 l과 직선 m 위에 있다.

07 변 BC는 변 AB와 한 점 B에서 만나고, 변 CD와 한 점 C에서 만난다.

본문 16쪽

04 공간에서의 위치 관계

01 모서리 AD, 모서리 AE, 모서리 BC, 모서리 BF
02 모서리 CD, 모서리 EF, 모서리 HG
03 모서리 CG, 모서리 DH, 모서리 EH, 모서리 FG
04 모서리 AB, 모서리 BC, 모서리 CD, 모서리 AD
05 모서리 AE, 모서리 BF, 모서리 CG, 모서리 DH
06 모서리 EF, 모서리 FG, 모서리 GH, 모서리 EH
07 면 ABFE, 면 BFGC, 면 CGHD, 면 AEHD
08 면 EFGH   **09** ×   **10** ○
11 ×   **12** ○   **13** ×   **14** ×
15 ○   **16** ×   **17** 모서리 FG
18 모서리 CH, 모서리 DI, 모서리 EJ, 모서리 GH, 모서리 HI, 모서리 IJ, 모서리 FJ

---

19 모서리 AF, 모서리 BG, 모서리 CH, 모서리 DI, 모서리 EJ
20 면 FGHIJ
21 모서리 DE, 모서리 GH, 모서리 JK
22 모서리 CI, 모서리 DJ, 모서리 EK, 모서리 FL, 모서리 HI, 모서리 IJ, 모서리 KL, 모서리 GL
23 면 ABHG, 면 BHIC, 면 CIJD, 면 DJKE, 면 EKLF, 면 AGLF
24 면 GHIJKL

03 꼬인 위치에 있는 모서리는 만나지도 평행하지도 않은 모서리 이다.

09 모서리 AB와 한 점에서 만나는 모서리는 모서리 AC, 모서리 AD, 모서리 BC, 모서리 BE의 4개이다.

10 모서리 AD와 평행한 모서리는 모서리 BE, 모서리 CF의 2 개이다.

11 모서리 BC와 만나지 않는 모서리는 평행한 모서리 EF와 꼬인 위치에 있는 모서리 AD, 모서리 DE, 모서리 DF의 4개이다.

12 모서리 AC와 꼬인 위치에 있는 모서리는 모서리 BE, 모서리 DE, 모서리 EF의 3개이다.

13 모서리 DE와 수직인 면은 면 ADFC의 1개이다.

14 면 ABC와 평행한 모서리는 모서리 DE, 모서리 EF, 모서리 DF의 3개이다.

15 면 ABC와 평행한 면은 면 DEF의 1개이다.

16 면 ABED와 수직인 면은 면 ADFC, 면 ABC, 면 DEF의 3개이다.

18 꼬인 위치에 있는 모서리는 한 평면 위에 있지 않고 만나지도 평행하지도 않다.

핵심 반복

본문 18쪽

1 ③	**2** ③	**3** ②	**4** ③
5 ④	**6** ⑤		

4 EBS 한 장 수학 1 (하)

1 사다리꼴 ABCD에서

① 변 AB와 평행한 변은 없다.

② 변 AD와 평행한 변은 변 BC이다.

③ 변 AB와 변 BC는 한 점 B에서 만난다.

④ 변 AD와 수직으로 만나는 변은 변 AB의 1개이다.

⑤ 변 AB와 한 점에서 만나는 변은 변 AD, 변 BC의 2개이다.

이상에서 옳은 것은 ③이다.

2 $\overline{AB}$와 $\overline{BC}$는 수직이므로 $\overline{AB}\perp\overline{BC}$, $\overline{AD}$와 $\overline{BC}$는 평행하므로 $\overline{AD}/\!/\overline{BC}$

3 $\overline{AF}$와 한 점에서 만나는 변은 $\overline{AB}$, $\overline{EF}$의 2개이므로 $a=2$, $\overline{BC}$와 평행한 변은 $\overline{EF}$의 1개이므로 $b=1$

따라서 $a+b=2+1=3$

4 $\overline{BF}$는 $\overline{AE}$와 평행한 모서리이다.

5 $\overline{FG}$는 $\overline{BC}$와 평행한 모서리이다.

6 면 EFGH는 면 ABCD와 평행한 면이다.

형성 평가

본문 19쪽

1 ⑤	**2** ④	**3** ⑤	**4** ②
5 ④, ⑤	**6** $\overline{IJ}$	**7** 2	

1 ⑤ 점 C는 직선 l 위에 있지 않고, 직선 m과 직선 n 위에 있다.

2 ① 점 A를 포함하는 면은 면 ABC, 면 ACD, 면 ADE, 면 ABE의 4개이다.

② 점 B와 만나는 모서리는 $\overline{AB}$, $\overline{BC}$, $\overline{BE}$의 3개이다.

③ 면 ABE와 만나는 모서리는 $\overline{CD}$를 제외한 나머지 모서리이므로 7개이다.

④ 모서리 AE와 면 BCDE는 한 점 E에서 만난다.

⑤ 면 ABE와 면 ACD는 한 점 A에서 만난다.

이상에서 옳은 것은 ④이다.

3 $\overline{AB}$와 수직인 모서리는 $\overline{AC}$, $\overline{AD}$, $\overline{BE}$의 3개이므로 $a=3$

$\overline{AD}$와 꼬인 위치에 있는 모서리는 $\overline{BC}$, $\overline{EF}$의 2개이므로 $b=2$

$\overline{BE}$와 평행한 모서리는 $\overline{AD}$, $\overline{CF}$의 2개이므로 $c=2$

따라서 $a+b+c=3+2+2=7$

4 면 ABC와 수직인 모서리는 $\overline{AD}$, $\overline{BE}$, $\overline{CG}$이다.

5 $\overline{BC}$와 꼬인 위치에 있는 모서리는 $\overline{AD}$, $\overline{DE}$, $\overline{EF}$, $\overline{FG}$, $\overline{DG}$이다.

6 (가) 면 ABCDE와 만나지 않는 모서리는 $\overline{FG}$, $\overline{GH}$, $\overline{HI}$, $\overline{IJ}$, $\overline{FJ}$이다.

(나) 모서리 BC와 꼬인 위치에 있는 모서리는 $\overline{AF}$, $\overline{EJ}$, $\overline{DI}$, $\overline{FG}$, $\overline{HI}$, $\overline{IJ}$, $\overline{FJ}$이다.

(다) (가), (나)를 만족시키는 모서리는 $\overline{FG}$, $\overline{HI}$, $\overline{IJ}$, $\overline{FJ}$이고 이 중에서 모서리 AF, 모서리 CH와 만나지 않는 모서리는 $\overline{IJ}$뿐이다.

7 전개도를 접어서 만든 입체도형은 오른쪽 그림과 같으므로 $\overline{ID}$와 꼬인 위치에 있는 모서리는 $\overline{JH}$, $\overline{CE}$의 2개이다.

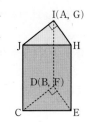

05 동위각, 엇각

본문 20쪽

01 $\angle e$	**02** $\angle b$	**03** $\angle g$	**04** $\angle d$
05 $\angle e$	**06** $\angle f$	**07** 72°	**08** 72°
09 88°	**10** 88°	**11** 195°	**12** ○
13 ×	**14** ○	**15** ×	**16** ×
17 ○	**18** ○	**19** ○	**20** ○
21 ×	**22** ×	**23** ×	**24** $\angle e$, $\angle l$
25 $\angle c$, $\angle k$	**26** $\angle b$, $\angle j$		

07 오른쪽 그림에서 $\angle a$의 동위각은 $\angle f$이다.

맞꼭지각의 크기는 서로 같으므로 $\angle f=72°$

따라서 $\angle a$의 동위각의 크기는 72°이다.

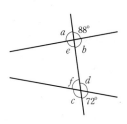

08 07번 그림에서 $\angle b$의 엇각은 $\angle f$이다.

맞꼭지각의 크기는 서로 같으므로 $\angle f=72°$

따라서 $\angle b$의 엇각의 크기는 72°이다.

09 07번 그림에서 $\angle c$의 동위각은 $\angle e$이다.

맞꼭지각의 크기는 서로 같으므로 $\angle e=88°$

따라서 $\angle c$의 동위각의 크기는 88°이다.

10 07번 그림에서 $\angle d$의 엇각은 $\angle e$이다.

맞꼭지각의 크기는 서로 같으므로 $\angle e=88°$

따라서 $\angle d$의 엇각의 크기는 88°이다.

11 오른쪽 그림에서 ∠a의 동위각은
∠c이다.
맞꼭지각의 크기는 서로 같으므로
∠c=100°
즉, ∠a의 동위각은 100°이다.
또, ∠b의 엇각은 ∠d이다.
∠d=180°−85°=95°
즉, ∠b의 엇각의 크기는 95°이다.
따라서 ∠a의 동위각의 크기와 ∠b의 엇각의 크기의 합은
100°+95°=195°

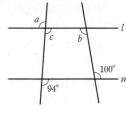

13 ∠c의 엇각은 없다.

15 ∠e의 동위각은 ∠b이고, ∠f는 ∠e의 맞꼭지각이다.

16 ∠b는 ∠e의 동위각이고, 동위각의 크기는 같을 수도 같지 않을 수도 있다.

17 ∠b의 동위각은 ∠e이고, ∠e=180°−80°=100°이므로
∠b의 동위각의 크기는 100°이다.

19 ∠f의 동위각은 ∠c이고, ∠c=180°−90°=90°이므로
∠f의 동위각의 크기는 90°이다.

20 ∠f의 동위각은 ∠b, ∠j이다.

21 ∠i의 엇각은 ∠d, ∠g이다.

22 ∠j의 동위각은 ∠c, ∠f이다.

23 ∠j의 엇각은 ∠h뿐이다.

본문 22쪽

06 평행선의 성질

01 120°	**02** 60°	**03** 94°	**04** 100°
05 130°	**06** 85°	**07** 60°	**08** 60°
09 ×	**10** ○	**11** ○	**12** ×
13 ×	**14** ×	**15** 120°	**16** 35°
17 50°	**18** 45°	**19** 95°	**20** 100°

01 l∥m일 때, 동위각의 크기가 같으므로 ∠a=120°

02 오른쪽 그림에서
∠c=180°−120°=60°이고,
l∥m일 때, 엇각의 크기가 같으므로
∠b=∠c=60°

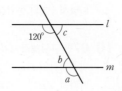

---

03 오른쪽 그림에서
l∥m일 때, 동위각의 크기는
같으므로
∠c=94°
맞꼭지각의 크기는 서로 같으므로
∠a=∠c=94°

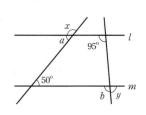

04 03번 그림에서 l∥m일 때 엇각의 크기가 같으므로
∠b=100°

05 l∥m일 때, 엇각의 크기가 같으므로
∠a=50°
이때 ∠x+∠a=180°이므로
∠x+50°=180°
∴ ∠x=180°−50°=130°

06 05번 그림에서 l∥m일 때, 동위각의 크기가 같으므로
∠b=95°
이때 ∠y+∠b=180°이므로
∠y+95°=180°
∴ ∠y=180°−95°=85°

07 l∥m일 때, 동위각의 크기가 같으므로
∠x=180°−120°=60°

08 l∥m일 때, 엇각의 크기가 같으므로
∠y=180°−(∠x+60°)
   =180°−(60°+60°)
   =60°

09 동위각의 크기가 120°, 110°로 서로 다르므로 두 직선 l, m은 서로 평행하지 않다.

10 동위각의 크기가 30°로 서로 같으므로 두 직선 l, m은 서로 평행하다.

11 엇각의 크기가 50°로 서로 같으므로 두 직선 l, m은 서로 평행하다.

12 엇각의 크기가 70°, 72°로 서로 다르므로 두 직선 l, m은 서로 평행하지 않다.

13 동위각 또는 엇각의 크기가 180°−110°=70°와 80°로 서로 다르므로 두 직선 l, m은 서로 평행하지 않다.

14 동위각 또는 엇각의 크기가 180°−100°=80°와 70°로 서로 다르므로 두 직선 l, m은 서로 평행하지 않다.

15 $l /\!/ m$일 때, 엇각의 크기가 같으므로
$2\angle x - 120° = \angle x$
따라서 $\angle x = 120°$

16 오른쪽 그림에서
$(2\angle x - 15°) + (3\angle x + 20°)$
$= 180°$
$5\angle x = 175°$
$\therefore \angle x = 35°$

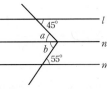

17 $l /\!/ m$일 때, 엇각의 크기가 같으므로 $\angle x = 50°$

18 $m /\!/ n$일 때, 엇각의 크기가 같으므로 $\angle y = 45°$

19 $\angle x + \angle y = 50° + 45° = 95°$

20 꺾인 부분의 점을 지나고 직선 l
에 평행한 직선 n을 그으면
$l /\!/ m /\!/ n$이다.
$l /\!/ n$일 때, 엇각의 크기가 같으
므로 $\angle a = 45°$
$m /\!/ n$일 때 엇각의 크기가 같으므로 $\angle b = 55°$
따라서 $\angle x = \angle a + \angle b = 45° + 55° = 100°$

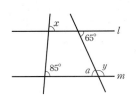

⑤ 동위각의 크기가 $180° - 110° = 70°$로 서로 같으므로 두 직
선 l, m은 평행하다.
이상에서 두 직선 l, m이 평행하지 않은 것은 ①이다.

6 오른쪽 그림에서 $l /\!/ m$이므로
$\angle ACB = 70°$ (동위각)
$\triangle ABC$에서
$\angle x + \angle ABC + \angle ACB = 180°$
이므로
$\angle x + 50° + 70° = 180°$
$\therefore \angle x = 60°$

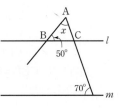

7 오른쪽 그림과 같이 꺾인 부분의 점
을 지나면서 직선 l에 평행한 직선
n을 그으면 $l /\!/ n$이므로
$\angle a = 32°$ (엇각)
$n /\!/ m$이므로
$\angle b = 70°$ (엇각)
따라서 $\angle x = \angle a + \angle b = 32° + 70° = 102°$

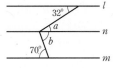

3 오른쪽 그림에서 $l /\!/ m$이므로
$\angle x = 85°$ (동위각)
$\angle a = 65°$ (엇각)
$\angle y + \angle a = 180°$이므로
$\angle y + 65° = 180°$
$\therefore \angle y = 180° - 65° = 115°$

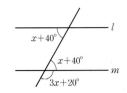

4 오른쪽 그림과 같이 $l /\!/ m$일 때
엇각의 크기는 같으므로
$\angle x + 40° + 3\angle x + 20° = 180°$
$4\angle x + 60° = 180°$, $4\angle x = 120°$
따라서 $\angle x = 30°$

5 ① 엇각 또는 동위각의 크기가 $180° - 100° = 80°$와 $75°$로 서
로 다르므로 두 직선 l, m은 평행하지 않다.
③ 엇각의 크기가 $120°$로 서로 같으므로 두 직선 l, m은 평행
하다.
④ 동위각의 크기가 서로 같으므로 두 직선 l, m은 평행하다.

1 ③ $\angle h$와 $\angle j$는 엇각이다.

2 $p /\!/ q$이므로
$\angle x = 85°$ (동위각)
$l /\!/ m$이므로 동위각의 크기는
같고, $85° + \angle y = 180°$이므로
$\angle y = 180° - 85° = 95°$
$\therefore \angle y - \angle x = 95° - 85°$
$\qquad\qquad = 10°$

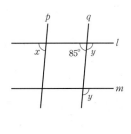

3 오른쪽 그림과 같이 점 A를 지나
면서 직선 p에 평행한 직선 r를
그으면
$\angle a + \angle b + \angle c = 180°$
이때 $\angle a = 80°$ (동위각),
$\angle b = \angle x$ (동위각), $\angle c = 40°$ (엇각)이므로
$80° + \angle x + 40° = 180°$에서
$\therefore \angle x = 60°$

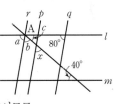

5 점 B를 지나고 직선 l에 평행인 직선 n을 그으면 $l /\!/ m /\!/ n$이므로

$\angle ABD = 26° + 40° = 66°$

한편,

$\angle ABD = \angle ABC + \angle CBD$

$= 2\angle CBD + \angle CBD$

$= 3\angle CBD$

따라서 $3\angle CBD = 66°$에서

$\angle CBD = 22°$

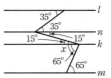

6 꺾인 점을 지나고 직선 l에 평행한 두 직선 n, k를 그으면 $l /\!/ m /\!/ n /\!/ k$이다.

평행한 두 직선에서 엇각의 크기는 같으므로

$\angle x = 15° + 65° = 80°$

7 $\angle D'EF$와 $\angle DEF$는 $\overline{EF}$를 접은 선으로 하여 접었을 때 포개어지는 각이므로 $\angle D'EF = \angle DEF$

이때 $\angle D'EF + \angle DEF + 30° = 180°$

$2\angle D'EF + 30° = 180°$, $2\angle D'EF = 150°$에서

$\angle D'EF = 75°$

$\overline{AD} /\!/ \overline{BC}$에서 엇각의 크기는 같으므로

$\angle EFC = \angle AEF$

$= \angle AED' + \angle D'EF$

$= 30° + 75° = 105°$

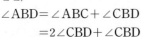

07 작도

본문 26쪽

01 눈금 없는 자, 컴퍼스, $\overline{AB}$, $\overline{CD}$

02 $\overline{QE}$, $\overline{PE}$, $\angle PQR$

08 삼각형의 각과 변

본문 27쪽

01 $\overline{AC}$	**02** $\overline{AB}$	**03** $\angle A$	**04** $\angle B$
05 ○	**06** ×	**07** ○	**08** ×
09 ×	**10** ○	**11** ○	**12** ×
13 있다.	**14** 없다.	**15** 있다.	**16** 있다.
17 3가지			

06 $1 + 5 = 6$, 즉 가장 긴 변의 길이가 나머지 두 변의 길이의 합과 같으므로 삼각형을 만들 수 없다.

---

08 $5 + 2 < 9$, 즉 가장 긴 변의 길이가 나머지 두 변의 길이의 합보다 크므로 삼각형을 만들 수 없다.

09 $1 + 3 < 5$, 즉 가장 긴 변의 길이가 나머지 두 변의 길이의 합보다 크므로 삼각형을 만들 수 없다.

10 $4 + 3 > 5$, 즉 가장 긴 변의 길이가 나머지 두 변의 길이의 합보다 작으므로 삼각형을 만들 수 있다.

11 $3 + 5 > 7$, 즉 가장 긴 변의 길이가 나머지 두 변의 길이의 합보다 작으므로 삼각형을 만들 수 있다.

12 $3 + 5 < 10$, 즉 가장 긴 변의 길이가 나머지 두 변의 길이의 합보다 크므로 삼각형을 만들 수 없다.

---

09 세 변의 길이가 주어진 삼각형의 작도

본문 28쪽

01 a, c, C **02** BC, 반지름, b, A, A

---

10 두 변의 길이와 그 끼인각의 크기가 주어진 삼각형의 작도

본문 29쪽

01 $\angle A$, c, C **02** ㉢, ㉣, ㉤, ㉥

02 두 변의 길이와 그 끼인각의 크기가 주어졌을 때 $\overline{BC}$를 밑변으로 하는 삼각형 ABC를 작도하는 순서는 다음과 같다.

❶ 점 B를 지나는 직선 위에 $\angle B$와 크기가 같은 각 $\angle XBY$를 작도한다. (㉡−㉢−㉣의 과정)

❷ 점 B를 중심으로 반지름의 길이가 $\overline{AB}$인 원을 그려 반직선 BX와의 교점을 A라고 한다. (㉤의 과정)

❸ 점 B를 중심으로 반지름의 길이가 $\overline{BC}$인 원을 그려 반직선 BY와의 교점을 C라고 한다. (㉥의 과정)

❹ 점 A와 점 C를 연결하여 삼각형 ABC를 작도한다. (㉥의 과정)

---

11 한 변의 길이와 그 양 끝각의 크기가 주어진 삼각형의 작도

본문 30쪽

01 c, $\angle A$, $\angle B$, ABC

02 BC, $\angle XBC$, $\angle C$, CY

---

12 삼각형이 하나로 정해지는 경우

본문 31쪽

01 ○	02 ×	03 ○	04 ×
05 ×	06 ○	07 ×	08 ×
09 ○	10 ○	11 ○	12 ×

01 삼각형의 세 변의 길이가 3, 5, 7이고, $5+3>7$이므로 삼각형이 하나로 정해진다.

02 삼각형의 세 변의 길이가 주어졌지만, $4+2<8$이므로 삼각형을 만들 수 없다.

03 두 변의 길이와 그 끼인각의 크기가 주어졌으므로 삼각형이 하나로 정해진다.

04 $\angle C$는 $\overline{AB}$와 $\overline{BC}$의 끼인각이 아니므로 삼각형이 하나로 정해지지 않는다.

05 한 변의 길이와 그 양 끝각의 크기가 주어졌지만 두 각의 크기의 합이 $70°+110°=180°$이므로 삼각형을 만들 수 없다.

06 한 변의 길이와 그 양 끝각의 크기가 주어졌으므로 삼각형이 하나로 정해진다.

07 세 각의 크기가 주어지면 모양은 같고 크기가 다른 삼각형을 무수히 많이 만들 수 있다.

08 세 변의 길이가 3, 6, 9이고, $3+6=9$이므로 삼각형을 만들 수 없다.

09 세 변의 길이가 6, 7, 9이고, $6+7>9$이므로 삼각형이 하나로 정해진다.

10 세 변의 길이가 6, 9, 12이고, $6+9>12$이므로 삼각형이 하나로 정해진다.

11 $\angle B$는 $\overline{AB}$, $\overline{BC}$의 끼인각이므로 삼각형이 하나로 정해진다.

12 $\angle C$는 $\overline{AB}$, $\overline{BC}$의 끼인각이 아니므로 삼각형이 하나로 정해지지 않는다. 즉, 다음과 같이 서로 다른 두 삼각형이 작도될 수 있다.

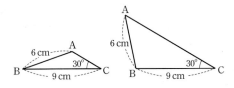

핵심 반복

본문 32쪽

1 ②, ④   **2** ①   **3** ③
4 (가) BC (나) ∠B (다) CQ   **5** $\overline{BC}$

1 ① 두 점을 지나는 선분을 그릴 때 사용하는 것은 눈금 없는 자이다.
③ 크기가 같은 각을 작도할 때는 컴퍼스와 눈금 없는 자를 사용한다.
⑤ 눈금 없는 자와 컴퍼스만으로 길이가 같은 선분을 그릴 수 있다.

2 ① 삼각형의 두 변의 길이의 합은 나머지 한 변의 길이보다 크므로 $a+b>c$이다.

3 ③ $4+6=10$이므로 삼각형을 만들 수 없다.

5 두 변의 길이와 그 끼인각의 크기가 주어지면 삼각형이 하나로 정해진다.

형성 평가

본문 33쪽

1 ③   **2** ⑤   **3** ①   **4** ①, ④
5 ①   **6** 4개

1 주어진 그림은 크기가 같은 각을 작도한 것이므로
$\overline{OA}=\overline{OB}=\overline{PC}=\overline{PD}$, $\overline{AB}=\overline{CD}$, $\angle AOB=\angle CPD$이다.

2 ① $\angle A$의 대변은 $\overline{BC}$이고, $\overline{BC}$의 길이는 6 cm보다 작다.
② $\angle B$의 대변은 $\overline{AC}$이고, $\overline{AC}=6$ cm이다.
③ $\overline{AB}$의 대각은 $\angle C$이고, $\angle C=30°$이다.
④ $\overline{AC}$의 대각은 $\angle B$이고, $\angle B=90°$이다.
⑤ 삼각형에서 $\angle A=180°-(90°+30°)=60°$
$\overline{BC}$의 대각은 $\angle A$이고, $\angle A=60°$이다.

3 ① $x=3$일 때, 삼각형의 세 변의 길이는 3, 5, 8이고,
$3+5=8$이므로 삼각형을 작도할 수 없다.

4 한 변의 길이와 그 양 끝각의 크기가 주어졌을 때 삼각형의 작도 방법은 다음과 같다.
(i) 주어진 한 각을 작도한 후 선분을 작도하고 다른 각을 작도한다. (③, ⑤의 경우)
(ii) 주어진 선분을 작도한 후 두 각을 작도한다. (②의 경우)

5 ② 세 각의 크기만 주어지면 모양이 같고 크기가 다른 삼각형을 무수히 많이 그릴 수 있다.
따라서 삼각형이 하나로 정해지지 않는다.

③ ∠C는 $\overline{AB}$, $\overline{BC}$의 끼인각이 아니므로 삼각형이 하나로 정해지지 않는다.

④ 6+7=13이므로 삼각형을 만들 수 없다.

⑤ ∠A는 $\overline{AB}$, $\overline{BC}$의 끼인각이 아니므로 삼각형이 하나로 정해지지 않는다.

6 각 변의 길이가 모두 4 cm보다 크면서 세 변의 길이의 합이 20 cm인 경우는

(5 cm, 5 cm, 10 cm), (5 cm, 6 cm, 9 cm),
(5 cm, 7 cm, 8 cm), (6 cm, 6 cm, 8 cm),
(6 cm, 7 cm, 7 cm)의 5가지 뿐이다.

이때 (5 cm, 5 cm, 10 cm)인 경우는 5+5=10이므로 삼각형을 작도할 수 없고, 나머지 4가지 경우는 가장 긴 변의 길이가 나머지 두 변의 길이의 합보다 작으므로 삼각형을 작도할 수 있다.

따라서 주어진 조건을 모두 만족하는 삼각형은 4개이다.

본문 34쪽

13 합동인 도형의 성질

01 ∠E	**02** ∠D	**03** $\overline{EF}$	**04** $\overline{AD}$
05 9 cm	**06** 6 cm	**07** 100°	**08** 87°
09 ∠F	**10** ∠A	**11** $\overline{GH}$	**12** $\overline{BC}$
13 3 cm	**14** 6 cm	**15** 75°	**16** 80°
17 ∠D	**18** $\overline{EF}$	**19** 9 cm	**20** 50°
21 ∠E	**22** $\overline{AC}$	**23** 6 cm	**24** 75°
25 ○	**26** ×	**27** ×	**28** ○
29 ○	**30** ○	**31** ○	**32** ×
33 ○			

05 $\overline{FG}$의 대응변은 $\overline{BC}$이고, 대응변의 길이는 서로 같으므로
$\overline{FG}=\overline{BC}=9$ cm

06 $\overline{CD}$의 대응변은 $\overline{GH}$이고, 대응변의 길이는 서로 같으므로
$\overline{CD}=\overline{GH}=6$ cm

07 ∠D의 대응각은 ∠H이고, 대응각의 크기는 서로 같으므로
∠D=∠H=100°

08 ∠E의 대응각은 ∠A이고, 대응각의 크기는 서로 같으므로
∠E=∠A=87°

13 $\overline{AB}$의 대응변은 $\overline{EF}$이고, 대응변의 길이는 서로 같으므로
$\overline{AB}=\overline{EF}=3$ cm

---

14 $\overline{AD}$의 대응변은 $\overline{EH}$이고, 대응변의 길이는 서로 같으므로
$\overline{AD}=\overline{EH}=6$ cm

15 ∠D의 대응각은 ∠H이고, 대응각의 크기는 서로 같으므로
∠D=∠H=75°

16 ∠G의 대응각은 ∠C이고, 대응각의 크기는 서로 같으므로
∠G=∠C=80°

19 $\overline{DE}$의 대응변은 $\overline{AB}$이고, 대응변의 길이는 서로 같으므로
$\overline{DE}=\overline{AB}=9$ cm

20 ∠F의 대응각은 ∠C이고, 대응각의 크기는 서로 같으므로
∠F=∠C=50°

23 $\overline{EF}$의 대응변이 $\overline{BC}$이고, 대응변의 길이는 서로 같으므로
$\overline{EF}=\overline{BC}=6$ cm

24 ∠D의 대응각이 ∠A이고, 대응각의 크기는 서로 같으므로
∠D=∠A=180°−(40°+65°)=75°

26 $\overline{BC}$의 대응변은 $\overline{EF}$이므로 $\overline{BC}=\overline{EF}$

27 ∠A의 대응각은 ∠D이므로 ∠A=∠D

32 다음과 같은 두 직사각형은 넓이가 같지만 합동이 아니다.

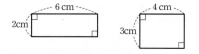

본문 36쪽

14 삼각형의 합동 조건

01 $\overline{ED}$, $\overline{EF}$, ∠E, △EDF	**02** $\overline{FD}$, ∠F, ∠D, △FDE
03 $\overline{EF}$, $\overline{FD}$, $\overline{ED}$, △EFD	
04 40°, $\overline{FE}$, ∠E, ∠F, △FDE	**05** ㉡과 ㉢
06 ㉠과 ㉣	**07** ㉢과 ㉧	**08** △DEF≡△IGH
09 △JKL≡△QPR	**10** △ABC≡△MNO

05 세 대응변의 길이가 6 cm, 8 cm, 10 cm로 각각 같으므로 두 삼각형 ㉡과 ㉢은 합동이다.

06 두 대응변의 길이가 5 cm, 8 cm로 각각 같고, 그 끼인각의 크기가 70°로 같으므로 두 삼각형 ㉠과 ㉣은 합동이다.

07 한 대응변의 길이가 7 cm로 같고, 그 양 끝각의 크기가 48°, 60°로 각각 같으므로 두 삼각형 ㉢과 ㉧은 합동이다.

08 $\triangle$DEF와 $\triangle$IGH에서
$\overline{DE}=\overline{IG}=3\ cm$, $\overline{EF}=\overline{GH}=6\ cm$, $\overline{DF}=\overline{IH}=4\ cm$
즉, 세 대응변의 길이가 같으므로
$\triangle$DEF$\equiv$$\triangle$IGH (SSS 합동)

09 $\triangle$JKL와 $\triangle$QPR에서
$\overline{JK}=\overline{QP}=2\ cm$, $\overline{JL}=\overline{QR}=4\ cm$, $\angle$J$=$$\angle$Q$=90°$
즉, 두 대응변의 길이와 그 끼인각의 크기가 같으므로
$\triangle$JKL$\equiv$$\triangle$QPR (SAS 합동)

10 $\triangle$ABC와 $\triangle$MNO에서
$\angle$B$=180°-(\angle$A$+\angle$C$)=180°-(65°+40°)=75°$
이므로
$\overline{BC}=\overline{NO}=5\ cm$, $\angle$B$=$$\angle$N$=75°$, $\angle$C$=$$\angle$O$=40°$
즉, 한 대응변의 길이가 같고, 그 양 끝각의 크기가 각각 같으므로
$\triangle$ABC$\equiv$$\triangle$MNO (ASA 합동)

2 합동인 두 도형에서 대응각의 크기는 서로 같으므로
$\angle$F$=$$\angle$B$=55°$

3 ④ $\overline{DF}$의 대응변은 $\overline{AC}$이므로
$\overline{DF}=\overline{AC}=5\ cm$　　　∴ $y=5$

4 $\triangle$ABC와 $\triangle$EDC에서
$\overline{BC}=\overline{DC}=12\ cm$
$\angle$B$=$$\angle$D$=60°$
$\angle$ACB$=$$\angle$ECD (맞꼭지각)
이므로 $\triangle$ABC$\equiv$$\triangle$EDC (ASA 합동)

5 주어진 삼각형에서 나머지 한 각의 크기는
$180°-(80°+60°)=40°$
② 주어진 삼각형과 한 대응변의 길이가 같고 그 양 끝각의 크기가 각각 같으므로 ASA 합동이다.

6 ① 두 도형이 합동임을 기호로 나타낼 때는 대응하는 꼭짓점의 순서대로 써야 한다.
∴ $\triangle$ABC$\equiv$$\triangle$FED
② 두 삼각형은 합동이므로 넓이가 같다.
④ $\overline{AC}=\overline{FD}=5\ cm$
$\angle$A$=180°-(50°+85°)=45°$

이므로 $\angle$A$=$$\angle$F
$\angle$C$=$$\angle$D$=85°$
즉, 한 쌍의 대응하는 변의 길이가 같고, 그 양 끝각의 크기가 각각 같으므로 ASA 합동이다.
⑤ 삼각형의 세 내각의 크기의 합은 180°임을 이용하여 나머지 한 각의 크기를 구할 수 있다.

2 $\triangle$AOC와 $\triangle$BOD에서
$\overline{OA}=\overline{OB}$
$\overline{OC}=\overline{OD}$
$\angle$AOC$=$$\angle$BOD (맞꼭지각)
이므로 $\triangle$AOC$\equiv$$\triangle$BOD (SAS 합동)
④ $\angle$ACO$=$$\angle$BDO

3 ① SSS 합동
② $\angle$B$=$$\angle$E, $\angle$A$=$$\angle$D이면 나머지 한각의 크기도 같으므로 $\angle$C$=$$\angle$F가 된다.
∴ ASA 합동
③ ASA 합동
④ SAS 합동
⑤ 두 쌍의 대응하는 변의 길이가 각각 같지만, 그 끼인각이 아닌 다른 각의 크기가 같으므로 합동이 아니다.

4 ① 두 쌍의 대응하는 변의 길이가 각각 같고 그 끼인각의 크기가 같으므로 SAS 합동이다.
② 두 쌍의 대응하는 변의 길이는 각각 같지만, 그 끼인각이 아닌 다른 각의 크기가 같으므로 합동이 아니다.
③ 한 쌍의 대응하는 변의 길이가 같고 그 양 끝각의 크기가 각각 같으므로 ASA 합동이다.
④ 두 쌍의 대응하는 각의 크기가 같으면 나머지 한 쌍의 각의 크기도 같다. 따라서 한 쌍의 대응하는 변의 길이가 같고 그 양 끝각의 크기가 각각 같으므로 ASA 합동이다.
⑤ $\angle$A$=$$\angle$D$=$$\angle$E는 합동 조건이 될 수 없다.

5 $\triangle$ABC와 $\triangle$EBD에서
$\overline{BC}=\overline{BD}$
$\angle$B는 공통
$\angle$ACB$=180°-(\angle$A$+\angle$B$)$
$=180°-(\angle$E$+\angle$B$)(\because \angle$A$=$$\angle$E$)$
$=\angle$EDB
이므로 $\triangle$ABC$\equiv$$\triangle$EBD (ASA 합동)

6 △AOC와 △BOD에서

$\overline{AO}=\overline{BO}=5$ km

∠CAO=∠DBO=80°

∠AOC=∠BOD (맞꼭지각)

이므로 △AOC≡△BOD (ASA 합동)

∴ $\overline{AC}=\overline{BD}=8$ km

쉬운 **서술형**

본문 40쪽

1 (1) 7 (2) 12 (3) 19   **2** (1) 50° (2) 40° (3) 140°

3 (1) $2<x\leq6$ (2) $6\leq x<10$ (3) $2<x<10$

4 (1) △APB≡△DPC, 두 대응변의 길이가 각각 같고,
그 끼인각의 크기가 같다.

(2) 20 m

---

1 (1) 교점의 개수는 꼭짓점의 개수와 같으므로 7이다.

∴ $a=7$ ······ (가)

(2) 교선의 개수는 모서리의 개수와 같으므로 12이다.

∴ $b=12$ ······ (나)

(3) $a+b=7+12=19$ ······ (다)

채점 기준표

단계	채점 기준	비율
(가)	a의 값을 구한 경우	40 %
(나)	b의 값을 구한 경우	40 %
(다)	$a+b$의 값을 구한 경우	20 %

2 (1) $l /\!/ m$이므로

∠$a=50°$ (엇각) ······ (가)

(2) $m /\!/ n$이므로

∠$b=$∠$c=90°-50°=40°$ (엇각) ······ (나)

(3) ∠$b+$∠$x=180°$에서

$40°+$∠$x=180°$이므로

∠$x=140°$ ······ (다)

채점 기준표

단계	채점 기준	비율
(가)	∠a의 크기를 구한 경우	30 %
(나)	∠b의 크기를 구한 경우	40 %
(다)	∠x의 크기를 구한 경우	30 %

3 (1) 가장 긴 변의 길이가 6일 때

$x\leq6$이고 $4+x>6$이므로 $2<x\leq6$ ······ (가)

(2) 가장 긴 변의 길이가 x일 때

$x\geq6$이고 $4+6>x$이므로 $6\leq x<10$ ······ (나)

(3) 삼각형을 만들 수 있는 x의 값의 범위는

$2<x<10$ ······ (다)

채점 기준표

단계	채점 기준	비율
(가)	가장 긴 변의 길이가 6일 때 x의 값의 범위를 구한 경우	40 %
(나)	가장 긴 변의 길이가 x일 때 x의 값의 범위를 구한 경우	40 %
(다)	삼각형을 만들 수 있는 x의 값의 범위를 구한 경우	20 %

4 (1) △APB와 △DPC에서

$\overline{AP}=\overline{DP}=10$ m

$\overline{BP}=\overline{CP}=24$ m

∠APB=∠DPC (맞꼭지각) ······ (가)

이므로 △APB≡△DPC (SAS 합동) ······ (나)

(2) 합동인 두 도형에서 대응변의 길이는 같으므로

$\overline{AB}=\overline{DC}=20$ m ······ (다)

채점 기준표

단계	채점 기준	비율
(가)	두 삼각형의 합동 조건을 각각 나타낸 경우	40 %
(나)	합동인 두 삼각형을 기호로 나타내고, 합동 조건을 구한 경우	30 %
(다)	$\overline{AB}$의 길이를 구한 경우	30 %

본문 42쪽

01 다각형의 대각선의 개수

01 풀이 참조, 1	**02** 풀이 참조, 3
03 풀이 참조, 5	**04** 풀이 참조, 6
05 4, 7, 7, 14	**06** 7, 10, 10, 35
07 9, 12, 12, 54	**08** 12, 15, 15, 90
09 5 **10** 9	**11** 27 **12** 44
13 65 **14** 77	**15** 104 **16** 170
17 230 **18** 405	**19** × **20** ○
21 × **22** ×	**23** ○ **24** ○
25 ×	

01 n각형의 한 꼭짓점에서 그을 수 있는 대각선의 개수는 $n-3$
이다.
따라서 사각형의 한 꼭짓점에서
그을 수 있는 대각선의 개수는
$4-3=1$이다.

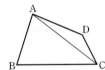

02 육각형의 한 꼭짓점에서
그을 수 있는 대각선의 개수는
$6-3=3$이다.

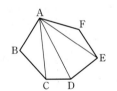

03 팔각형의 한 꼭짓점에서
그을 수 있는 대각선의 개수는
$8-3=5$이다.

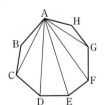

04 구각형의 한 꼭짓점에서
그을 수 있는 대각선의 개수는
$9-3=6$이다.

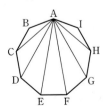

09 정오각형의 대각선의 개수는 $\dfrac{5\times(5-3)}{2}=5$

10 정육각형의 대각선의 개수는 $\dfrac{6\times(6-3)}{2}=9$

11 구각형의 대각선의 개수는 $\dfrac{9\times(9-3)}{2}=27$

12 십일각형의 대각선의 개수는 $\dfrac{11\times(11-3)}{2}=44$

13 십삼각형의 대각선의 개수는 $\dfrac{13\times(13-3)}{2}=65$

14 십사각형의 대각선의 개수는 $\dfrac{14\times(14-3)}{2}=77$

15 십육각형의 대각선의 개수는 $\dfrac{16\times(16-3)}{2}=104$

16 정이십각형의 대각선의 개수는
$\dfrac{20\times(20-3)}{2}=170$

17 이십삼각형의 대각선의 개수는
$\dfrac{23\times(23-3)}{2}=230$

18 삼십각형의 대각선의 개수는 $\dfrac{30\times(30-3)}{2}=405$

19 삼각형은 대각선을 그을 수 없다.

20 십이각형의 한 꼭짓점에서 그을 수 있는 대각선의 개수는
$12-3=9$이다.

21 이십사각형의 한 꼭짓점에서 그을 수 있는 대각선의 개수는
$24-3=21$이다.

22 한 꼭짓점에서 그을 수 있는 대각선의 개수가 14인 다각형을
n각형이라고 하면
$n-3=14$에서 $n=17$
따라서 주어진 다각형은 십칠각형이다.

23 한 꼭짓점에서 그을 수 있는 대각선의 개수가 22인 다각형을
n각형이라고 하면
$n-3=22$에서 $n=25$
따라서 주어진 다각형은 이십오각형이다.

24 십구각형의 대각선의 개수는 $\dfrac{19\times(19-3)}{2}=152$

25 이십팔각형의 대각선의 개수는
$\dfrac{28\times(28-3)}{2}=350$

02 다각형의 내각과 외각

01 138°	**02** 93°	**03** 60°	**04** 71°
05 180°, 40°	**06** 180°, 42°	**07** 180°, 125°	
08 내각, 120°		**09** ∠C, 75°, 55°, 130°	
10 130°, 70°	**11** 43°, 94°	**12** 43°	**13** 52°
14 55°	**15** 67°	**16** 115°	

01 다각형의 한 꼭짓점에서 내각의 크기와 외각의 크기의 합은 180°이므로
∠BAC의 외각의 크기는
$180° - 42° = 138°$

02 ∠BAD의 외각의 크기는
$180° - 87° = 93°$

03 ∠A의 외각의 크기는
$180° - 120° = 60°$

04 ∠D의 외각의 크기는
$180° - 109° = 71°$

12 삼각형의 세 내각의 크기의 합은 180°이므로
$55° + 82° + ∠x = 180°$에서
$∠x = 180° - (55° + 82°) = 43°$

13 삼각형 세 내각의 크기의 합은 180°이므로
$90° + ∠x + 38° = 180°$에서
$∠x = 180° - (90° + 38°) = 52°$

14 삼각형의 한 외각의 크기는 그와 이웃하지 않는 두 내각의 크기의 합과 같으므로
$∠x = 30° + 25° = 55°$

15 삼각형의 한 외각의 크기는 그와 이웃하지 않는 두 내각의 크기의 합과 같으므로
$∠x + 78° = 145°$ ∴ $∠x = 67°$

16 $∠BAC = 180° - 105° = 75°$
∴ $∠x = ∠BAC + ∠C = 75° + 40° = 115°$

핵심 반복

1 ③	**2** ①	**3** ③	**4** ①
5 ④	**6** ③	**7** 30°	

1 n각형의 한 꼭짓점에서 그을 수 있는 대각선의 개수는
$(n-3)$이므로
$n - 3 = 4$에서 $n = 7$
따라서 구하는 다각형은 칠각형이다.

2 육각형에서 그을 수 있는 대각선의 개수는
$\dfrac{6 \times (6-3)}{2} = 9$

3 ∠ABE의 내각은 ∠ABC이고
∠ABE + ∠ABC = 180°이므로
$80° + ∠ABC = 180°$ ∴ $∠ABC = 100°$
따라서 ∠ABE의 내각의 크기는 100°이다.

4 ∠CDE의 외각은 ∠EDF이고
∠CDE + ∠EDF = 180°이므로
$105° + ∠EDF = 180°$ ∴ $∠EDF = 75°$
따라서 ∠CDE의 외각의 크기는 75°이다.

5 삼각형의 세 내각의 크기의 합은 180°이므로
$75° + 45° + ∠x = 180°$에서
$∠x = 180° - (45° + 75°) = 60°$

6 삼각형의 한 외각의 크기는 그와 이웃하지 않는 두 내각의 크기의 합과 같으므로
$∠x + 58° = 108°$
∴ $∠x = 50°$

7 $4∠x = (2∠x + 5°) + (∠x + 25°)$
∴ $∠x = 30°$

형성 평가

1 ②	**2** ③	**3** ④	**4** 203°
5 ⑤	**6** ②	**7** 57°	**8** 69°

1 ① ∠ABC + ∠ADC = 180°는 일반적으로 성립하지 않는다.
② ∠DCB의 외각이 ∠DCE이므로
∠DCB + ∠DCE = 180°이다.
③ ∠ADC의 외각은 ∠ADF이다.
④ ∠BCD의 외각은 ∠DCE이다.
⑤ 변 AB와 변 BC로 이루어진 내각은 ∠ABC이다.

2 한 꼭짓점에서 그을 수 있는 대각선의 개수가 5인 다각형을 n각형이라고 하면 $n - 3 = 5$에서 $n = 8$이다.
팔각형의 대각선의 개수는 $\dfrac{8 \times (8-3)}{2} = 20$이다.

3 대각선의 개수가 27인 다각형을 n각형이라고 하면

$\dfrac{n(n-3)}{2}=27$에서 $n(n-3)=54$이므로 $n=9$

따라서 대각선의 개수가 27개인 다각형은 구각형이다.

4 삼각형의 한 외각의 크기는 그와 이웃하지 않는 두 내각의 크기의 합과 같으므로

$\angle x=70°+65°=135°$

또, $\angle y+67°=\angle x$에서 $\angle y+67°=135°$이므로

$\angle y=68°$

$\therefore \angle x+\angle y=135°+68°=203°$

5 삼각형의 한 외각의 크기는 그와 이웃하지 않는 두 내각의 크기의 합과 같으므로

$\triangle$DBC에서

$\angle$ADC$=\angle$B$+\angle$DCB

$=40°+30°=70°$

$\triangle$ADC에서 세 내각의 크기의 합은 $180°$이므로

$\angle$A$+\angle$ADC$+\angle x=180°$

$35°+70°+\angle x=180°$

$\therefore \angle x=180°-(35°+70°)=75°$

6 삼각형의 한 외각의 크기는 그와 이웃하지 않는 두 내각의 크기의 합과 같으므로

$\triangle$ABD에서

$\angle$ADC$=\angle$DAB$+\angle$B

$=35°+40°=75°$

또 $\triangle$ADC에서

$\angle$ACE$=\angle$DAC$+\angle$ADC이므로

$120°=\angle x+75°$ $\therefore \angle x=45°$

7 $\triangle$ABD에서 $\angle$DAB$+\angle$DBA$+105°=180°$이므로

$\angle$DAB$+\angle$DBA$=75°$

$\triangle$ABC에서 $\angle$ABC$+\angle$BAC$+\angle$C$=180°$

즉, $(\angle$DAB$+28°)+(\angle$DBA$+20°)+\angle x=180°$

$(\angle$DAB$+\angle$DBA$)+48°+\angle x=180°$

$75°+48°+\angle x=180°$

따라서 $\angle x=180°-123°=57°$

8 오른쪽 그림과 같이

$\triangle$FGD에서

$\angle$GFD$+\angle$FGD$+\angle$D$=180°$

$38°+\angle$FGD$+47°=180°$

즉, $\angle$FGD$=95°$

$\triangle$EBG에서

$\angle$B$+\angle$E$=\angle$EGD$=\angle$FGD

이므로

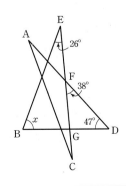

$\angle x+26°=95°$

따라서 $\angle x=69°$

---

03 다각형의 내각의 크기의 합

01 6, 4, 4, 720°	**02** 2, 6, 1080°
03 2, 7, 1260°	**04** 2, 2, 6, 육각형
05 1260°, 7, 9, 구각형	**06** 십각형
07 십이각형	**08** 2, 6, 4, 6, 120°
09 2, 12, 10, 12, 150°	**10** 156° **11** 162°
12 2, 3, 540°, 540°, 540°, 95°	
13 6, 4, 720°, 720°, 720°, 130°	
14 105°	**15** 80°

06 n각형의 내각의 크기의 합은 $180°\times(n-2)$이므로

$180°\times(n-2)=1440°$에서

$n-2=8$, $n=10$

따라서 구하는 다각형은 십각형이다.

07 n각형의 내각의 크기의 합은 $180°\times(n-2)$이므로

$180°\times(n-2)=1800°$에서

$n-2=10$, $n=12$

따라서 구하는 다각형은 십이각형이다.

10 정십오각형의 한 내각의 크기는

$\dfrac{180°\times(15-2)}{15}=156°$

11 정이십각형의 한 내각의 크기는

$\dfrac{180°\times(20-2)}{20}=162°$

14 오각형의 내각의 크기의 합은

$180°\times(5-2)=180°\times3=540°$이므로

$\angle x+130°+100°+\angle x+100°=540°$

$2\angle x+330°=540°$, $2\angle x=210°$에서

$\angle x=105°$

15 사각형의 내각의 크기의 합은

$180°\times(4-2)=180°\times2=360°$이므로

$\angle x+(180°-75°)+95°+80°=360°$

$\angle x+280°=360°$에서

$\angle x=80°$

04 다각형의 외각의 크기의 합

본문 50쪽

01 내각, 2, 360°   **02** 내각, 6, 360°

03 12, 12, 12, 360°   **04** 5, 72°   **05** 6, 60°

06 360°, 45°   **07** 360°, 36°   **08** 정십이각형

09 정십각형   **10** 정팔각형   **11** 정육각형   **12** 정오각형

13 150°, 30°, 30°, 12, 정십이각형

14 60°, 120°, 120°, 3, 정삼각형   **15** 360°

16 55°   **17** 50°   **18** 27°   **19** 113°

08 정n각형이라고 하면 외각의 크기의 합은 360°이므로
$\dfrac{360°}{n}=30°$, $n=12$
따라서 구하는 정다각형은 정십이각형이다.

09 정n각형이라고 하면 $\dfrac{360°}{n}=36°$, $n=10$
따라서 구하는 정다각형은 정십각형이다.

10 정n각형이라고 하면 $\dfrac{360°}{n}=45°$, $n=8$
따라서 구하는 정다각형은 정팔각형이다.

11 정n각형이라고 하면 $\dfrac{360°}{n}=60°$, $n=6$
따라서 구하는 정다각형은 정육각형이다.

12 정n각형이라고 하면 $\dfrac{360°}{n}=72°$, $n=5$
따라서 구하는 정다각형은 정오각형이다.

15 다각형의 외각의 크기의 합은 항상 360°이므로
$\angle a+\angle b+\angle c+\angle d+\angle e+\angle f=360°$

16 다각형의 외각의 크기의 합은 항상 360°이므로
$\angle x+50°+52°+65°+63°+75°=360°$
따라서 $\angle x+305°=360°$에서
$\angle x=55°$

17 다각형의 외각의 크기의 합은 항상 360°이므로
$\angle x+85°+60°+95°+70°=360°$
따라서 $\angle x+310°=360°$에서 $\angle x=50°$

18 다각형의 외각의 크기의 합은 항상 360°이므로
$\angle x+63°+40°+85°+55°+90°=360°$
따라서 $\angle x+333°=360°$에서 $\angle x=27°$

19 다각형의 외각의 크기의 합은 항상 360°이므로
$(180°-95°)+(180°-\angle x)+60°+100°+48°=360°$
$-\angle x+473°=360°$
$\therefore \angle x=113°$

핵심 반복
본문 52쪽

1 ②   **2** ①   **3** ⑤   **4** ③
5 ③   **6** ③   **7** ④

1 십이각형의 내각의 크기의 합은
$180°\times(12-2)=1800°$

2 n각형의 내각의 크기의 합은 $180°\times(n-2)$이므로
$180°\times(n-2)=900°$에서 $n-2=5$, $n=7$
따라서 구하는 다각형은 칠각형이다.

3 사각형의 내각의 크기의 합은 360°이므로
$\angle x+110°+80°+85°=360°$
$\therefore \angle x=360°-(110°+80°+85°)=85°$

4 정십오각형의 한 외각의 크기는 $\dfrac{360°}{15}=24°$이다.

5 다각형의 외각의 크기의 합은 360°이므로
$\angle x+25°+75°+90°+80°=360°$, $\angle x+270°=360°$
$\therefore \angle x=90°$

6 모든 다각형의 외각의 크기의 합은 항상 360°이므로
$(180°-\angle x)+60°+70°+50°+(180°-110°)+60°=360°$
$490°-\angle x=360°$
따라서 $\angle x=130°$

7 정이십각형의 한 외각의 크기는 $\dfrac{360°}{20}=18°$이므로
한 내각의 크기는 $180°-18°=162°$
따라서 한 내각의 크기와 한 외각의 크기의 비는
$162° : 18°=9 : 1$

형성 평가
본문 53쪽

1 ④   **2** ⑤   **3** ③   **4** 정십이각형
5 60°   **6** ③   **7** $a=5$, $b=10$
8 96°

1 내각의 크기의 합이 1260°인 정다각형을 정n각형이라고 하면
$180°\times(n-2)=1260°$에서 $n-2=7$, $n=9$이므로 정구각형
이다. 정구각형에 대하여 살펴보면 다음과 같다.
① 변의 개수는 9이다.
② 대각선의 개수는 $\dfrac{9\times(9-3)}{2}=27$이다.

③ 한 외각의 크기는 $\dfrac{360°}{9}=40°$이다.

④ 한 내각의 크기는 $180°-40°=140°$이다.

⑤ 한 꼭짓점에서 그을 수 있는 대각선의 개수는 $9-3=6$이다.

이상에서 옳은 것은 ④이다.

2 한 꼭짓점에서 그을 수 있는 대각선의 개수가 12인 정n각형은 $n-3=12$, $n=15$에서 정십오각형이다.

정십오각형의 한 내각의 크기는

$\dfrac{180°\times(15-2)}{15}=156°$

다른 풀이 정십오각형의 한 외각의 크기는 $\dfrac{360°}{15}=24°$이므로

한 내각의 크기는 $180°-24°=156°$

3 정n각형의 한 내각의 크기는 $\dfrac{180°\times(n-2)}{n}$이므로

정육각형의 한 내각의 크기는

$\dfrac{180°\times(6-2)}{6}=120°$

$\therefore \angle ABC=\angle BCD=120°$

사각형 ABCD에서 내각의 크기의 합은 $360°$이므로

$\angle x+\angle y=360°-(\angle ABC+\angle BCD)$

$\quad\quad\quad\quad=360°-(120°+120°)$

$\quad\quad\quad\quad=120°$

4 한 내각의 크기와 한 외각의 크기의 비가 5 : 1인 정다각형을 정n각형이라고 하면 정다각형의 한 내각의 크기와 한 외각의 크기의 합은 $180°$이므로

한 외각의 크기는 $\dfrac{1}{1+5}\times180°=30°$

이때 $\dfrac{360°}{n}=30°$, $n=12$이므로 구하는 정다각형은 정십이각형이다.

5 다각형의 외각의 크기의 합은 항상 $360°$이므로

$\angle x+50°+49°+(180°-2\angle x)+66°+75°=360°$

$-\angle x+420°=360°$

$\therefore \angle x=60°$

6 삼각형의 한 외각의 크기는 이와 이웃하지 않는 두 내각의 크기의 합과 같으므로

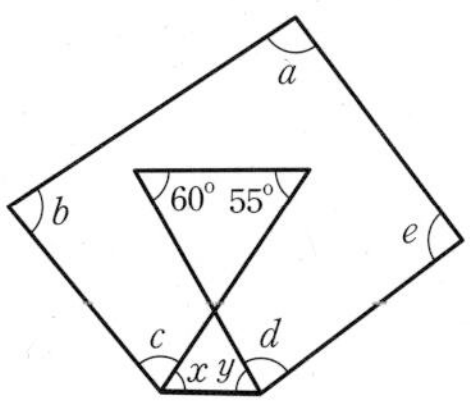

$\angle x+\angle y=60°+55°$

$\quad\quad\quad\quad=115°$

또, 오각형의 내각의 크기의 합은

$180°\times(5-2)=540°$이므로

$\angle a+\angle b+\angle c+\angle x+\angle y+\angle d+\angle e=540°$

따라서

$\angle a+\angle b+\angle c+\angle d+\angle e=540°-(\angle x+\angle y)$

$\quad\quad\quad\quad\quad\quad\quad\quad\quad\quad=540°-115°=425°$

7 정n각형의 한 외각의 크기는 $\dfrac{360°}{n}$이므로

$\dfrac{360°}{n}=72°$에서 $n=5$

따라서 정오각형의 변의 개수는 5이므로

$a=5$

n각형의 내각의 크기의 합은 $180°\times(n-2)$이므로

$180°\times(n-2)=1440°$에서 $n=10$

따라서 정십각형의 변의 개수는 10이므로

$b=10$

8 오른쪽 그림과 같이 $\overline{AB}$의 연장선과 $\overline{HI}$의 연장선의 교점을 P라고 하자.

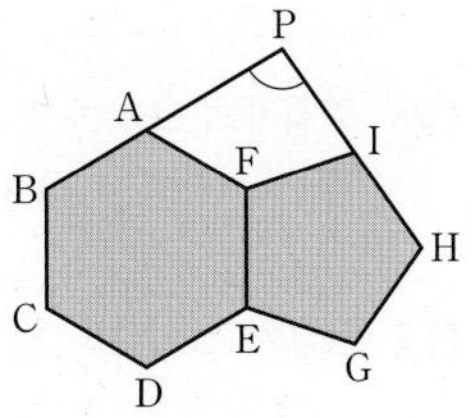

정육각형의 한 외각의 크기는

$\dfrac{360°}{6}=60°$이므로

$\angle PAF=60°$이고,

$\angle AFE=180°-60°=120°$

또, 정오각형의 한 외각의 크기는 $\dfrac{360°}{5}=72°$이므로

$\angle PIF=72°$, $\angle EFI=180°-72°=108°$

$\angle AFI=360°-(\angle AFE+\angle EFI)$

$\quad\quad\quad=360°-(120°+108°)$

$\quad\quad\quad=360°-228°$

$\quad\quad\quad=132°$

사각형 PAFI에서 네 내각의 크기의 합은 $360°$이므로

$\angle API+\angle PAF+\angle AFI+\angle PIF=360°$

$\angle API+60°+132°+72°=360°$, $\angle API+264°=360°$

따라서 $\angle API=96°$

본문 54쪽

05 원과 부채꼴

01 호, $\overset{\frown}{AB}$ **02** 현, 할선, 활꼴

03 부채꼴, 중심각   **04** $\angle AOB$ **05** $\angle BOC$

06 $\overset{\frown}{AB}$ **07** $\overset{\frown}{AC}$ **08** $\angle AOB$ **09** $\angle BOC$

본문 55쪽

06 부채꼴의 성질

01 ○   **02** ×   **03** ○   **04** ○

05 ×   **06** ○   **07** ×   **08** 4

09 40   **10** 40   **11** 75   **12** 100

01 중심각의 크기가 같은 두 부채꼴은 호의 길이가 서로 같다.

즉, $\angle AOB=\angle COD$이므로 $\overset{\frown}{AB}=\overset{\frown}{CD}$이다.

02 $\angle BOC$와 $\angle COD$가 같은지 알 수 없으므로 $\overset{\frown}{BC}$와 $\overset{\frown}{CD}$의 길이도 같은지 알 수 없다.

03 부채꼴의 호의 길이는 중심각의 크기에 정비례한다.
즉, ∠COE=2∠AOB이므로 $\overset{\frown}{CE}=2\overset{\frown}{AB}$이다.

04 중심각의 크기가 같은 두 부채꼴은 넓이가 서로 같다.
즉, ∠COD=∠DOE이므로 부채꼴 COD와 부채꼴 DOE의 넓이는 같다.

05 ∠COE의 크기가 ∠AOE의 크기의 2배인지 알 수 없으므로 부채꼴 COE의 넓이가 부채꼴 AOE의 넓이의 2배인지도 알 수 없다.

06 중심각의 크기가 같은 두 부채꼴은 현의 길이가 서로 같다.
즉, ∠AOB=∠DOE이므로 $\overline{AB}=\overline{DE}$이다.

07 원에서 현의 길이는 중심각의 크기에 정비례하지 않으므로 ∠COE=2∠AOB이지만 $\overline{CE}=2\overline{AB}$가 성립하지는 않는다.

08 한 원에서 중심각의 크기가 같으면 호의 길이도 같으므로
$x=4$

09 한 원에서 중심각의 크기는 호의 길이에 정비례하므로
$60:x=9:6$
$9x=360$
$\therefore x=40$

10 한 원에서 부채꼴의 넓이는 중심각의 크기에 정비례하므로
$10:x=50:200$
$50x=2000$
$\therefore x=40$

11 한 원에서 부채꼴의 넓이는 중심각의 크기에 정비례하므로
$x:25=18:6$
$6x=450$
$\therefore x=75$

12 한 원에서 현의 길이가 같으면 중심각의 크기도 같으므로
$x=100$

07 부채꼴의 호의 길이

01 3, 60, 3, 60, π **02** 9, 120, 9, 120, 6π
03 π cm **04** 6, 3π, 90
05 150, 5π, 6 **06** 180° **07** 36 cm

03 (호의 길이)$=2\pi\times4\times\dfrac{45}{360}=\pi$(cm)

06 반지름의 길이가 10 cm이고, 호의 길이가 10π cm인 부채꼴의 중심각의 크기를 $x°$라고 하면
$2\pi\times10\times\dfrac{x}{360}=10\pi$이므로 $x=180$
따라서 주어진 부채꼴의 중심각의 크기는 180°이다.

07 중심각의 크기가 30°이고, 호의 길이가 6π cm인 부채꼴의 반지름의 길이를 r cm라고 하면
$2\pi\times r\times\dfrac{30}{360}=6\pi$, $\dfrac{r}{6}=6$이므로 $r=36$
따라서 주어진 부채꼴의 반지름의 길이는 36 cm이다.

본문 57쪽

08 부채꼴의 넓이

01 4, 30, 4, 30, $\dfrac{4}{3}\pi$ **02** 8, 135, 8, 135, 24π
03 6, 4π, 6, 12π **04** 5, 5π, 72
05 8π, 32π, 8 **06** 120° **07** 8 cm

06 반지름의 길이가 9 cm이고, 넓이가 27π cm²인 부채꼴의 중심각의 크기를 $x°$라고 하면
$\pi\times9^2\times\dfrac{x}{360}=27\pi$이므로 $x=120$
따라서 주어진 부채꼴의 중심각의 크기는 120°이다.

07 호의 길이가 4π cm이고, 넓이가 16π cm²인 부채꼴의 반지름의 길이를 r cm라고 하면
$\dfrac{1}{2}\times r\times4\pi=16\pi$이므로 $r=8$
따라서 주어진 부채꼴의 반지름의 길이는 8 cm이다.

핵심 반복

본문 58쪽

1 ⑤ **2** ② **3** ① **4** ②
5 ⑤ **6** ② **7** ③

1 ⑤ $\overset{\frown}{BC}$와 $\overline{BC}$로 둘러싸인 도형은 활꼴이다.

2 한 원에서 중심각의 크기는 호의 길이에 정비례하므로
$45°:∠x=5:15$, $45°:∠x=1:3$
$\therefore ∠x=135°$

3 한 원에서 부채꼴의 넓이는 중심각의 크기에 정비례하므로 부채꼴 AOB의 넓이를 x cm²라고 하면
$360:60=12\pi:x$, $6:1=12\pi:x$이므로
$x=2\pi$
따라서 부채꼴 AOB의 넓이는 2π cm²이다.

18 EBS 한 장 수학 1 (하)

4 부채꼴의 중심각의 크기는
$360° - 90° = 270°$
따라서 호의 길이는
$2\pi \times 12 \times \dfrac{270}{360} = 18\pi \, (\text{cm})$

5 부채꼴의 중심각의 크기를 $x°$라고 하면
호의 길이가 $4\pi \, \text{cm}$이므로
$2\pi \times 10 \times \dfrac{x}{360} = 4\pi$이므로 $x = 72$
따라서 부채꼴의 중심각의 크기는 $72°$이다.

6 (부채꼴의 넓이) $= \pi \times 5^2 \times \dfrac{60}{360}$
$\qquad\qquad\qquad = \dfrac{25}{6}\pi \, (\text{cm}^2)$

7 반지름의 길이가 $3 \, \text{cm}$이고, 넓이가 $6\pi \, \text{cm}^2$인 부채꼴의 중심각의 크기를 $x°$라고 하면
$\pi \times 3^2 \times \dfrac{x}{360} = 6\pi$이므로 $x = 240$
따라서 주어진 부채꼴의 중심각의 크기는 $240°$이다.

형성 평가
본문 59쪽

1 ③	2 ③	3 ③	4 ①
5 ③	6 $8\pi \, \text{cm}$		

1 $\angle \text{AOC} = 180° - 60°$
$\qquad\qquad = 120°$
한 원에서 호의 길이는 중심각의 크기에 정비례하므로
$120 : 60 = x : 3$
$60x = 360$
$\therefore x = 6$

2 $\overline{\text{AC}} /\!/ \overline{\text{OD}}$이므로
$\angle \text{CAO} = \angle \text{DOB}$
$\qquad\qquad = 30°$ (동위각)
오른쪽 그림과 같이 $\overline{\text{OC}}$를 그으면
$\overline{\text{OA}} = \overline{\text{OC}}$이므로
$\angle \text{OCA} = \angle \text{OAC} = 30°$
$\triangle \text{AOC}$에서
$\angle \text{AOC} = 180° - (30° + 30°) = 120°$
부채꼴의 호의 길이는 중심각의 크기에 정비례한다.
즉, $30 : 120 = 2 : \overset{\frown}{\text{AC}}$, $1 : 4 = 2 : \overset{\frown}{\text{AC}}$이므로
$\overset{\frown}{\text{AC}} = 8 \, \text{cm}$

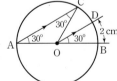

3 ③ 현의 길이는 중심각의 크기에 정비례하지 않는다.
$\overline{\text{AC}} < \overline{\text{AB}} + \overline{\text{BC}} = 2\overline{\text{AB}}$

---

4 반지름의 길이가 $6 \, \text{cm}$이고, 넓이가 $6\pi \, \text{cm}^2$인 부채꼴의 호의 길이를 $l \, \text{cm}$, 중심각의 크기를 $x°$라고 하면
$\dfrac{1}{2} \times 6 \times l = 6\pi$이므로 $l = 2\pi$
또, $\pi \times 6^2 \times \dfrac{x}{360} = 6\pi$이므로 $x = 60$
따라서 주어진 부채꼴의 호의 길이는 $2\pi \, \text{cm}$이고, 중심각의 크기는 $60°$이다.

5 (색칠한 부분의 넓이)
$=$ (반지름의 길이가 $6 \, \text{cm}$, 중심각의 크기가 $60°$인 부채꼴의 넓이)
$\quad -$ (반지름의 길이가 $4 \, \text{cm}$, 중심각의 크기가 $60°$인 부채꼴의 넓이)
$= \pi \times 6^2 \times \dfrac{60}{360} - \pi \times 4^2 \times \dfrac{60}{360}$
$= 6\pi - \dfrac{8}{3}\pi$
$= \dfrac{10}{3}\pi \, (\text{cm}^2)$

6 부채꼴은 호의 길이는 중심각의 크기에 정비례한다.
즉, $\angle \text{AOB} : \angle \text{BOC} : \angle \text{COA} = 3 : 4 : 5$이므로
$\overset{\frown}{\text{AB}} : \overset{\frown}{\text{BC}} : \overset{\frown}{\text{AC}} = 3 : 4 : 5$이다.
원 O의 둘레의 길이가 $24\pi \, \text{cm}$이므로
$\overset{\frown}{\text{BC}}$의 길이는
$\dfrac{4}{3+4+5} \times 24\pi = 8\pi \, (\text{cm})$

쉬운 서술형
본문 60쪽

1 (1) $60°$ (2) 6 (3) 3 (4) 9	**2** (1) $460°$ (2) $100°$ (3) $560°$

3 (1) $8 \, \text{cm}$ (2) $135°$

4 (1) $64 \, \text{cm}^2$ (2) $8\pi \, \text{cm}^2$ (3) $(64 - 8\pi) \, \text{cm}^2$

1 (1) 한 내각의 크기가 $120°$인 정다각형의 한 외각의 크기는
$180° - 120° = 60°$이다. $\qquad\qquad$ …… (가)

(2) 한 외각의 크기가 $60°$인 정다각형을 정n각형이라고 하면
$\dfrac{360°}{n} = 60°$에서 $n = 6$
따라서 주어진 정다각형은 정육각형이므로 변의 개수는 6이다. $\qquad\qquad$ …… (나)

(3) 정육각형의 한 꼭짓점에서 그을 수 있는 대각선의 개수는
$6 - 3 = 3$이다. $\qquad\qquad$ …… (다)

(4) 정육각형의 대각선의 개수는 $\dfrac{6 \times (6-3)}{2} = 9$이다. $\qquad\qquad$ …… (라)

<table>
<tr><td colspan="3">채점 기준표</td></tr>
<tr><td>단계</td><td>채점 기준</td><td>비율</td></tr>
<tr><td>(가)</td><td>정다각형의 한 외각의 크기를 구한 경우</td><td>20 %</td></tr>
<tr><td>(나)</td><td>정다각형의 변의 개수를 구한 경우</td><td>30 %</td></tr>
<tr><td>(다)</td><td>정다각형의 한 꼭짓점에서 그을 수 있는 대각선의 개수를 구한 경우</td><td>20 %</td></tr>
<tr><td>(라)</td><td>정다각형의 대각선의 개수를 구한 경우</td><td>30 %</td></tr>
</table>

채점 기준표		
단계	채점 기준	비율
(가)	정사각형의 넓이를 구한 경우	30 %
(나)	반원의 넓이를 구한 경우	40 %
(다)	색칠한 부분의 넓이를 구한 경우	30 %

2 (1) 오각형 $ABCDG$의 내각의 크기의 합은

$180° \times (5-2) = 180° \times 3 = 540°$이고,

$\angle GDC = 180° - \angle GDF = 180° - 100° = 80°$이므로

$\angle a + \angle b + \angle c + \angle d + \angle GDC = 540°$

$\angle a + \angle b + \angle c + \angle d + 80° = 540°$

따라서 $\angle a + \angle b + \angle c + \angle d = 540° - 80° = 460°$

$\cdots\cdots$ (가)

(2) 삼각형 DEF에서 $\angle GDF = 100°$이고, 삼각형의 한 외각의 크기는 그와 이웃하지 않는 두 내각의 크기의 합과 같으므로 $\angle e + \angle f = 100°$　$\cdots\cdots$ (나)

(3) $\angle a + \angle b + \angle c + \angle d + \angle e + \angle f = 460° + 100°$

$= 560°$　$\cdots\cdots$ (다)

채점 기준표		
단계	채점 기준	비율
(가)	$\angle a + \angle b + \angle c + \angle d$의 크기를 구한 경우	50 %
(나)	$\angle e + \angle f$의 크기를 구한 경우	30 %
(다)	$\angle a + \angle b + \angle c + \angle d + \angle e + \angle f$의 크기를 구한 경우	20 %

3 (1) 부채꼴의 반지름의 길이를 r cm라고 하면

$\dfrac{1}{2} \times r \times 6\pi = 24\pi$에서 $r = 8$

따라서 부채꼴의 반지름의 길이는 8 cm이다.　$\cdots\cdots$ (가)

(2) 부채꼴의 중심각의 크기를 $x°$라고 하면

$\pi \times 8^2 \times \dfrac{x}{360} = 24\pi$에서 $x = 135$

따라서 부채꼴의 중심각의 크기는 135°이다.　$\cdots\cdots$ (나)

채점 기준표		
단계	채점 기준	비율
(가)	부채꼴의 반지름의 길이를 구한 경우	50 %
(나)	부채꼴의 중심각의 크기를 구한 경우	50 %

4 (1) 정사각형의 넓이는

$8 \times 8 = 64 (\text{cm}^2)$　$\cdots\cdots$ (가)

(2) 반원의 반지름의 길이는 $8 \div 2 = 4 (\text{cm})$이므로 넓이는

$\dfrac{1}{2} \times \pi \times 4^2 = 8\pi (\text{cm}^2)$　$\cdots\cdots$ (나)

(3) (색칠한 부분의 넓이)

$=$ (정사각형의 넓이)$-$(반원의 넓이)

$= 64 - 8\pi (\text{cm}^2)$　$\cdots\cdots$ (다)

VII 입체도형의 성질

01 다면체

본문 62쪽

01 ○	02 ○	03 ×	04 ○
05 ○	06 ×	07 사각뿔	08 사각뿔대
09 사각기둥	10 7, 15, 10	11 4, 6, 4	12 7, 15, 10
13 6, 9, 5	14 9, 16, 9	15 팔각뿔	16 오각뿔대
17 사각기둥	18 육각뿔대		

03 구는 곡면으로만 둘러싸인 입체도형이므로 다면체가 아니다.

06 밑면이 다각형이 아닌 원이고, 옆면도 곡면이므로 다면체가 아니다.

15 밑면이 한 개이고, 옆면이 모두 삼각형인 다면체는 각뿔이고, 구면체인 각뿔이므로 팔각뿔이다.

16 두 밑면이 서로 평행하면서 옆면은 모두 사다리꼴인 다면체는 각뿔대이고, 칠면체인 각뿔대는 오각뿔대이다.

17 두 밑면이 서로 평행하고 합동이면서 옆면이 모두 직사각형인 다면체는 각기둥이고, 밑면의 모양이 사각형이므로 사각기둥이다.

18 두 밑면이 서로 평행하고, 옆면은 모두 사다리꼴인 다면체는 각뿔대이고, 밑면의 모양이 육각형이므로 육각뿔대이다.

02 정다면체

본문 64쪽

01 정사면체, 4, 6, 4	02 정육면체, 6, 12, 8
03 정팔면체, 8, 12, 6	04 정십이면체, 12, 30, 20
05 정이십면체, 20, 30, 12	06 ○ 07 ×
08 ×	09 정사면체, 정팔면체, 정이십면체
10 정십이면체	11 정사면체, 정육면체, 정십이면체
12 정팔면체	13 정사면체 14 정육면체
15 정십이면체	16 ○ 17 ○
18 ○ 19 ×	20 ○ 21 ○
22 × 23 ○	

06 면이 모두 6개이므로 육면체이다.

07 한 꼭짓점에서 만나는 면의 개수가 3인 것도 있고, 4인 것도 있다.

08 한 꼭짓점에서 만나는 면의 개수가 모두 같지 않으므로 정다면체가 아니다.

19 정다면체의 면의 모양은 정삼각형, 정사각형, 정오각형 중의 하나이다.

23 정육면체와 정팔면체의 모서리의 개수는 12로 서로 같다.

03 회전체

본문 66쪽

01 ○	02 ×	03 ×	04 ○
05 ○	06 ○		

07 겨냥도는 풀이 참조, 원기둥
08 겨냥도는 풀이 참조, 원뿔
09 겨냥도는 풀이 참조, 원뿔대
10 겨냥도는 풀이 참조, 구   **11~14** 풀이 참조
15 겨냥도는 풀이 참조, 원기둥, 직사각형
16 겨냥도는 풀이 참조, 원뿔, 직각삼각형
17 겨냥도는 풀이 참조, 원뿔대, 사다리꼴

02 주어진 입체도형은 두 사각뿔을 밑면끼리 붙여 만든 다면체이므로 회전체가 아니다.

03 주어진 입체도형은 육각뿔대로 회전체가 아니다.

07

원기둥

08

원뿔

09

원뿔대

10

구

11

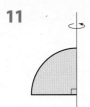

12

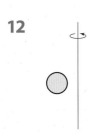

13

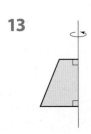

14

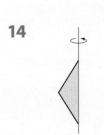

15

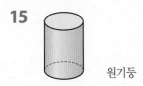

원기둥

16

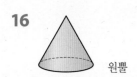

원뿔

17

원뿔대

04 회전체의 성질

01~04 풀이 참조	**05** 원	**06** 원
07 원	**08** 원	**09~12** 풀이 참조
13 직사각형	**14** 이등변삼각형	**15** 원
16 구	**17** ○	**18** ×	**19** ○
20 ○		

01

02

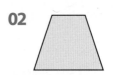

03

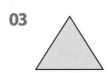

04

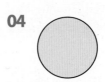

05 주어진 원기둥을 회전축에 수직인 평면으로 자를 때 생기는 단면의 모양은 원이다.
[참고] 원기둥을 회전축에 수직인 평면으로 자를 때 생기는 단면의 모양은 모두 크기가 같은 원이다.

06 주어진 원뿔대를 회전축에 수직인 평면으로 자를 때 생기는 단면의 모양은 원이다.
[참고] 원뿔대를 회전축에 수직인 평면으로 자를 때 생기는 단면의 모양은 자르는 위치에 따라 크기가 다르다.

07 주어진 원뿔을 회전축에 수직인 평면으로 자를 때 생기는 단면의 모양은 원이다.
[참고] 원뿔을 회전축에 수직인 평면으로 자를 때 생기는 단면의 모양은 자르는 위치에 따라 크기가 다르다.

08 주어진 구를 회전축에 수직인 평면으로 자를 때 생기는 단면의 모양은 원이다.
[참고] 구를 회전축에 수직인 평면으로 자를 때 생기는 단면의 모양은 자르는 위치에 따라 크기가 다르다. 또, 구는 어느 방향으로 잘라도 그 단면은 항상 원이다.

09

10

11

12

18 원뿔을 회전축에 수직인 평면으로 자른 단면은 원이다.

핵심 반복
본문 70쪽

1 ③	2 ①	3 ④	4 ④
5 ③	6 ㉠, ㉢, ㉤	7 ③, ⑤	

1 ③ 사각뿔대이다.

2 (나)와 (다)에서 두 밑면이 서로 평행하고 합동이며, 옆면이 모두 직사각형이므로 각기둥이다.
n각기둥이라고 하면
n각기둥의 면의 개수는 $(n+2)$개이므로 $(n+2)$면체이다.
(가)에서 팔면체이므로
$n+2=8$
$\therefore n=6$
따라서 구하는 입체도형은 육각기둥이다.

3 정다면체는 정사면체, 정육면체, 정팔면체, 정십이면체, 정이 십면체의 5개뿐이다.

4 ① 정다면체는 5가지뿐이다.
② 정사면체의 각 면은 정삼각형이다.
③ 정십이면체의 각 면은 정오각형이다.
⑤ 정오각형으로 이루어진 정다면체는 정십이면체이다.

5 원뿔대는 사다리꼴의 한 변을 회전축으로 하여 1회전시킬 때 생기는 입체도형이다.

6 ㉡, ㉣, ㉤은 다면체이다.

7 ③ 원뿔을 회전축을 포함하는 평면으로 잘랐을 때 생기는 단면의 모양은 이등변삼각형이다.
⑤ 원뿔대를 회전축을 포함하는 평면으로 잘랐을 때 생기는 단면의 모양은 평행하지 않은 두 변의 길이가 같고, 두 밑각의 크기가 같은 사다리꼴이다.

형성 평가
본문 71쪽

1 32	2 정팔면체	3 ①	4 ①, ③
5 ③	6 ①	7 ①	

1 오각기둥의 꼭짓점의 개수는 10, 모서리의 개수는 15, 면의 개수는 7이므로 $a=10$, $b=15$, $c=7$
따라서 $a+b+c=10+15+7=32$

3 ① 정사면체의 모서리의 개수는 6이다.
② 정육면체의 모서리의 개수는 12이다.
③ 정팔면체의 모서리의 개수는 12이다.
④ 정십이면체의 면의 개수는 12이다.
⑤ 정이십면체의 꼭짓점의 개수는 12이다.

4 ② 꼭짓점의 개수는 10이다.
④ 회전체가 아닌 다면체이다.
⑤ 각 면의 모양이 모두 합동인 정다각형이 아니므로 정다면체가 아니다.

5 주어진 전개도로 만들어지는 입체도형은 원뿔대이다.
③ 원뿔대의 두 밑면은 합동이 아니다.

6 주어진 원기둥은 오른쪽 그림과 같이 가로의 길이가 6 cm, 세로의 길이가 12 cm인 직사각형의 한 변을 축으로 하여 1회전시킨 입체도형이다.
따라서 이 직사각형의 넓이는
$6 \times 12 = 72 (\text{cm}^2)$

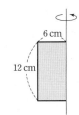

7 회전체를 회전축을 포함하는 평면으로 자른 단면의 모양은 오른쪽 그림과 같은 이등변삼각형이므로 그 넓이는
$\dfrac{1}{2} \times 8 \times 3 = 12 (\text{cm}^2)$

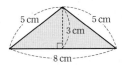

05 기둥의 겉넓이

01 (ㄱ) 3 (ㄴ) 4 (ㄷ) 5 (ㄹ) 6 (ㅁ) 3 (ㅂ) 4
02 $6 \, \text{cm}^2$ **03** $72 \, \text{cm}^2$ **04** $84 \, \text{cm}^2$
05 (ㄱ) 3 (ㄴ) 5 (ㄷ) 9 (ㄹ) 5 (ㅁ) 6 (ㅂ) 22   **06** $24 \, \text{cm}^2$
07 $132 \, \text{cm}^2$ **08** $180 \, \text{cm}^2$ **09** (ㄱ) 3 (ㄴ) 6π (ㄷ) 5
10 $9\pi \, \text{cm}^2$ **11** $30\pi \, \text{cm}^2$ **12** $48\pi \, \text{cm}^2$ **13** $16\pi \, \text{cm}^2$
14 $8\pi h \, \text{cm}^2$ **15** 16   **16** $52 \, \text{cm}^2$ **17** $132 \, \text{cm}^2$
18 $244 \, \text{cm}^2$ **19** $170\pi \, \text{cm}^2$ **20** $192\pi \, \text{cm}^2$

02 $(밑넓이)=\dfrac{1}{2}\times 3\times 4=6(\text{cm}^2)$

03 $(옆넓이)=(3+4+5)\times 6=72(\text{cm}^2)$

04 삼각기둥의 겉넓이는 (밑넓이)×2+(옆넓이)이므로
$6\times 2+72=84(\text{cm}^2)$

05 옆면인 직사각형의 가로의 길이는 밑면의 둘레의 길이와 같으므로 (ㅂ) $3+5+9+5=22(\text{cm})$

06 $(밑넓이)=\dfrac{1}{2}\times(3+9)\times 4=24(\text{cm}^2)$

07 $(옆넓이)=(3+5+9+5)\times 6=132(\text{cm}^2)$

08 사각기둥의 겉넓이는 (밑넓이)×2+(옆넓이)이므로
$24\times 2+132=180(\text{cm}^2)$

09 옆면인 직사각형의 가로의 길이는 밑면인 원의 둘레의 길이와 같으므로
(ㄴ) $2\pi\times 3=6\pi(\text{cm})$

10 밑면은 반지름의 길이가 3 cm인 원이므로
$(밑넓이)=\pi\times 3^2=9\pi(\text{cm}^2)$

11 $(옆넓이)=(2\pi\times 3)\times 5=30\pi(\text{cm}^2)$

12 원기둥의 겉넓이는 (밑넓이)×2+(옆넓이)이므로
$9\pi\times 2+30\pi=48\pi(\text{cm}^2)$

13 밑면은 반지름의 길이가 4 cm인 원이므로
$(밑넓이)=\pi\times 4^2=16\pi(\text{cm}^2)$

14 원기둥의 옆면인 직사각형의 가로의 길이는 밑면인 원의 둘레와 같으므로 $2\pi\times 4=8\pi(\text{cm})$이고, 높이는 h cm이므로 원기둥의 옆넓이는 $8\pi h(\text{cm}^2)$이다.

15 원기둥의 겉넓이가 $160\pi(\text{cm}^2)$이므로
$16\pi\times 2+8\pi h=160\pi$, $8\pi h=128\pi$에서 $h=16$

16 (사각기둥의 겉넓이)=(밑넓이)×2+(옆넓이)
$$=(2\times 3)\times 2+(2+3+2+3)\times 4$$
$$=12+40=52(\text{cm}^2)$$

17 (삼각기둥의 겉넓이)=(밑넓이)×2+(옆넓이)
$$=\left(\dfrac{1}{2}\times 8\times 3\right)\times 2+(5+8+5)\times 6$$
$$=24+108$$
$$=132(\text{cm}^2)$$

18 (사각기둥의 겉넓이)
$$=(밑넓이)\times 2+(옆넓이)$$
$$=\left\{\dfrac{1}{2}\times(4+7)\times 4\right\}\times 2+(4+4+7+5)\times 10$$
$$=44+200$$
$$=244(\text{cm}^2)$$

19 (원기둥의 겉넓이)=(밑넓이)×2+(옆넓이)
$$=(\pi\times 5^2)\times 2+(2\pi\times 5)\times 12$$
$$=50\pi+120\pi$$
$$=170\pi(\text{cm}^2)$$

20 (원기둥의 겉넓이)=(밑넓이)×2+(옆넓이)
$$=(\pi\times 6^2)\times 2+(2\pi\times 6)\times 10$$
$$=72\pi+120\pi$$
$$=192\pi(\text{cm}^2)$$

06 기둥의 부피

01 $12 \, \text{cm}^2$ **02** $72 \, \text{cm}^3$ **03** $24 \, \text{cm}^2$ **04** $360 \, \text{cm}^3$
05 $25\pi \, \text{cm}^2$ **06** $200\pi \, \text{cm}^3$ **07** $126 \, \text{cm}^3$
08 $324\pi \, \text{cm}^3$ **09** $60 \, \text{cm}^3$ **10** $640\pi \, \text{cm}^3$
11 $168 \, \text{cm}^3$ **12** $30 \, \text{cm}^3$ **13** $56 \, \text{cm}^3$ **14** $12\pi \, \text{cm}^3$
15 $9 \, \text{cm}^2$ **16** $4\pi \, \text{cm}^2$ **17** 7 cm   **18** 9 cm
19 $24 \, \text{cm}^2$ **20** 10   **21** $9\pi \, \text{cm}^2$ **22** 8

01 $(밑넓이)=3\times 4=12(\text{cm}^2)$

02 (사각기둥의 부피)=(밑넓이)×(높이)
$$=12\times 6=72(\text{cm}^3)$$

03 $(밑넓이)=\dfrac{1}{2}\times 6\times 8=24(\text{cm}^2)$

04 (삼각기둥의 부피)＝(밑넓이)×(높이)
$=24\times15=360(\text{cm}^3)$

05 (밑넓이)$=\pi\times5^2=25\pi(\text{cm}^2)$

06 (원기둥의 부피)＝(밑넓이)×(높이)
$=25\pi\times8=200\pi(\text{cm}^3)$

07 (사각기둥의 부피)＝(밑넓이)×(높이)
$=\left\{\dfrac{1}{2}\times(5+9)\times3\right\}\times6$
$=21\times6=126(\text{cm}^3)$

08 (원기둥의 부피)＝(밑넓이)×(높이)
$=(\pi\times6^2)\times9=36\pi\times9$
$=324\pi(\text{cm}^3)$

09 주어진 전개도로 만들어지는 도형은 오른쪽 그림과 같은 사각기둥이다.
(사각기둥의 부피)$=(3\times5)\times4$
$=60(\text{cm}^3)$

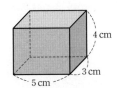

10 주어진 전개도로 만들어지는 도형은 오른쪽 그림과 같은 원기둥이다.
(원기둥의 부피)$=(\pi\times8^2)\times10$
$=640\pi(\text{cm}^3)$

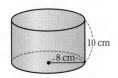

11 주어진 전개도로 만들어지는 도형은 오른쪽 그림과 같은 삼각기둥이다.
(삼각기둥의 부피)
$=\left(\dfrac{1}{2}\times6\times8\right)\times7$
$=24\times7=168(\text{cm}^3)$

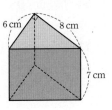

12 (삼각기둥의 부피)$=5\times6=30(\text{cm}^3)$

13 (오각기둥의 부피)$=8\times7=56(\text{cm}^3)$

14 (원기둥의 부피)$=4\pi\times3=12\pi(\text{cm}^3)$

15 높이가 6 cm, 부피가 54 cm³인 삼각기둥의 밑넓이를 S cm²라고 하면 $6S=54$에서 $S=9$
따라서 주어진 삼각기둥의 밑넓이는 9 cm²이다.

16 높이가 8 cm, 부피가 32π cm³인 원기둥의 밑넓이를 S cm²라고 하면 $8S=32\pi$에서 $S=4\pi$
따라서 주어진 원기둥의 밑넓이는 4π cm²이다.

17 밑넓이가 7 cm², 부피가 49 cm³인 사각기둥의 높이를 h cm라고 하면 $7h=49$에서 $h=7$
따라서 주어진 사각기둥의 높이는 7 cm이다.

18 밑넓이가 9π cm², 부피가 81π cm³인 원기둥의 높이를 h cm라고 하면 $9h=81$에서 $h=9$
따라서 주어진 원기둥의 높이는 9 cm이다.

19 (밑넓이)$=\dfrac{1}{2}\times8\times6=24(\text{cm}^2)$

20 (삼각기둥의 부피)$=24\times h=240$에서 $h=10$

21 (밑넓이)$=\pi\times3^2=9\pi(\text{cm}^2)$

22 (원기둥의 부피)$=9\pi\times h=72\pi$에서 $h=8$

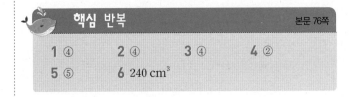

핵심 반복   본문 76쪽

| 1 ④ | 2 ④ | 3 ④ | 4 ② |
| 5 ⑤ | 6 240 cm³ | | |

1 (밑넓이)$=\dfrac{1}{2}\times5\times12$
$=30(\text{cm}^2)$
(옆넓이)$=(5+13+12)\times10$
$=300(\text{cm}^2)$
∴ (삼각기둥의 겉넓이)＝(밑넓이)×2＋(옆넓이)
$=30\times2+300$
$=360(\text{cm}^2)$

2 (밑넓이)$=\pi\times3^2=9\pi(\text{cm}^2)$
(옆넓이)$=(2\pi\times3)\times5$
$=30\pi(\text{cm}^2)$
∴ (원기둥의 겉넓이)＝(밑넓이)×2＋(옆넓이)
$=9\pi\times2+30\pi$
$=48\pi(\text{cm}^2)$

3 (밑넓이)$=\dfrac{1}{2}\times(2+10)\times3=18(\text{cm}^2)$
(옆넓이)$=(2+5+10+5)\times10=220(\text{cm}^2)$
(사각기둥의 겉넓이)$=18\times2+220=256(\text{cm}^2)$

4 (삼각기둥의 부피)＝(밑넓이)×(높이)
$=\left(\dfrac{1}{2}\times11\times6\right)\times15$
$=495(\text{cm}^3)$

5 (원기둥의 부피)＝(밑넓이)×(높이)
$=(\pi\times7^2)\times10=490\pi(\text{cm}^3)$

6 주어진 전개도로 만들어지는 도형은
오른쪽 그림과 같은 삼각기둥이다. 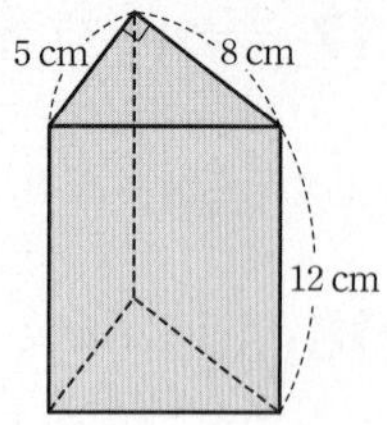
(삼각기둥의 부피)=(밑넓이)×(높이)

$$=\left(\frac{1}{2}\times 8\times 5\right)\times 12$$

$$=240(\text{cm}^3)$$

형성 평가

1 ④	**2** ③	**3** ③	**4** 16 cm
5 ③	**6** 2π cm	**7** 144π cm^2	

1 (밑넓이)$=\frac{1}{2}\times(6+10)\times 3$

$$=24(\text{cm}^2)$$

(옆넓이)$=(3+6+5+10)\times 10$

$$=240(\text{cm}^2)$$

∴ (사각기둥의 겉넓이)=(밑넓이)×2+(옆넓이)

$$=24\times 2+240$$

$$=288(\text{cm}^2)$$

2 밑면의 지름의 길이가 4 cm, 겉넓이가 20π cm^{2}인 원기둥의
높이를 h cm라고 하면 밑면인 원의 넓이는 4π cm^{2}이므로
(원기둥의 겉넓이)$=4\pi\times 2+4\pi\times h=20\pi$
$8\pi+4\pi h=20\pi$, $4\pi h=12\pi$에서 $h=3$
따라서 주어진 원기둥의 높이는 3 cm이다.

3 밑면의 반지름의 길이가 5 cm이므로 밑넓이는
$\pi\times 5^2=25\pi(\text{cm}^2)$
원기둥의 높이를 h cm라고 하면 원기둥의 부피가 150π cm^3
이므로 $25\pi\times h=150\pi$에서 $h=6$
따라서 원기둥의 겉넓이는
$25\pi\times 2+10\pi\times 6=50\pi+60\pi=110\pi(\text{cm}^2)$

4 밑면의 지름의 길이가 6 cm이므로 원기둥의 밑넓이는
$\pi\times 3^2=9\pi(\text{cm}^2)$
겉넓이가 114π cm^{2}인 원기둥의 높이를 h cm라고 하면
$9\pi\times 2+6\pi\times h=114\pi$에서
$18\pi+6\pi h=114\pi$, $6\pi h=96\pi$
이므로 $h=16$
따라서 이 원기둥의 높이는 16 cm이다.

5 넓이가 25 cm^{2}인 정사각형의 한 변의 길이는 5 cm이다.
주어진 직육면체의 높이를 h cm라고 하면 이 직육면체의 옆
넓이는
$(5+5+5+5)\times h=20h(\text{cm}^2)$

이때 직육면체의 겉넓이가 250 cm^{2}이므로
$25\times 2+20h=250$, $20h=200$에서 $h=10$
따라서 주어진 직육면체의 부피는
$25\times 10=250(\text{cm}^3)$

6 주어진 삼각기둥의 높이를 h cm라고 하면
(원기둥의 부피)$=(\pi\times 2^2)\times 6=24\pi(\text{cm}^3)$
(삼각기둥의 부피)$=\left(\frac{1}{2}\times 6\times 4\right)\times h=12h(\text{cm}^3)$이므로
$12h=24\pi$에서 $h=2\pi$
따라서 주어진 삼각기둥의 높이는 2π cm이다.

7 구멍이 뚫린 밑넓이는
$\pi\times 6^2-\pi\times 2^2=36\pi-4\pi=32\pi(\text{cm}^2)$
밑면의 반지름의 길이가 6 cm인 원기둥의 옆넓이는
$(2\pi\times 6)\times 5=60\pi(\text{cm}^2)$
밑면의 반지름의 길이가 2 cm인 원기둥의 옆넓이는
$(2\pi\times 2)\times 5=20\pi(\text{cm}^2)$
따라서 주어진 입체도형의 겉넓이는
$32\pi\times 2+60\pi+20\pi=144\pi(\text{cm}^2)$

07 뿔의 겉넓이

01 (ㄱ) 8 (ㄴ) 5 (ㄷ) 5	**02** 25 cm^2	**03** 80 cm^2
04 105 cm^2	**05** (ㄱ) 6 (ㄴ) 2 (ㄷ) 4π	**06** 4π cm^2
07 12π cm^2	**08** 16π cm^2 **09** 340 cm^2	**10** 88 cm^2
11 561 cm^2	**12** 108π cm^2	**13** 56π cm^2
14 9, 200, 5, 5	**15** 25π cm^2	**16** 45π cm^2
17 70π cm^2		

02 (밑넓이)$=5\times 5=25(\text{cm}^2)$

03 (옆넓이)$=4\times\left(\frac{1}{2}\times 5\times 8\right)=80(\text{cm}^2)$

04 (정사각뿔의 겉넓이)$=25+80=105(\text{cm}^2)$

05 원뿔의 옆면인 부채꼴의 호의 길이는 밑면인 원의 둘레의 길이
와 같으므로
(ㄷ) $2\pi\times 2=4\pi(\text{cm})$

06 (밑넓이)$=\pi\times 2^2=4\pi(\text{cm}^2)$

07 (옆넓이)$=\pi\times 6\times 2=12\pi(\text{cm}^2)$

08 (원뿔의 겉넓이)$=4\pi+12\pi=16\pi(\text{cm}^2)$

09 (정사각뿔의 겉넓이)=(밑넓이)+(옆넓이)
$$=(10\times10)+4\times\left(\frac{1}{2}\times10\times12\right)$$
$$=100+240$$
$$=340(\text{cm}^2)$$

10 (정사각뿔의 겉넓이)=(밑넓이)+(옆넓이)
$$=(4\times4)+4\times\left(\frac{1}{2}\times4\times9\right)$$
$$=16+72$$
$$=88(\text{cm}^2)$$

11 (정사각뿔의 겉넓이)=(밑넓이)+(옆넓이)
$$=(11\times11)+4\times\left(\frac{1}{2}\times11\times20\right)$$
$$=121+440$$
$$=561(\text{cm}^2)$$

12 (원뿔의 겉넓이)=(밑넓이)+(옆넓이)
$$=(\pi\times6^2)+(\pi\times12\times6)$$
$$=36\pi+72\pi$$
$$=108\pi(\text{cm}^2)$$

13 (원뿔의 겉넓이)=(밑넓이)+(옆넓이)
$$=(\pi\times4^2)+(\pi\times10\times4)$$
$$=16\pi+40\pi$$
$$=56\pi(\text{cm}^2)$$

15 밑면의 반지름의 길이가 5 cm이므로
(밑넓이)$=\pi\times5^2=25\pi(\text{cm}^2)$

16 (원뿔의 옆넓이)$=\pi\times9\times5=45\pi(\text{cm}^2)$

17 (원뿔의 겉넓이)$=25\pi+45\pi=70\pi(\text{cm}^2)$

08 뿔의 부피

01 9 cm²	**02** 15 cm³	**03** 30 cm²	**04** 40 cm³
05 9π cm²	**06** 12π cm³	**07** 25π cm²	**08** 50π cm³
09 10 cm²	**10** 12 cm	**11** 12 cm²	**12** 6
13 4π cm²	**14** 6 cm	**15** $\frac{1000}{3}$ cm³	
16 $\frac{64}{3}$ cm³	**17** 312 cm³		

01 (밑넓이)$=3\times3=9(\text{cm}^2)$

02 (사각뿔의 부피)$=\frac{1}{3}\times$(밑넓이)$\times$(높이)
$$=\frac{1}{3}\times9\times5$$
$$=15(\text{cm}^3)$$

03 (밑넓이)$=\frac{1}{2}\times6\times10=30(\text{cm}^2)$

04 (삼각뿔의 부피)$=\frac{1}{3}\times$(밑넓이)$\times$(높이)
$$=\frac{1}{3}\times30\times4$$
$$=40(\text{cm}^3)$$

05 (밑넓이)$=\pi\times3^2=9\pi(\text{cm}^2)$

06 (원뿔의 부피)$=\frac{1}{3}\times$(밑넓이)$\times$(높이)
$$=\frac{1}{3}\times9\pi\times4$$
$$=12\pi(\text{cm}^3)$$

07 (밑넓이)$=\pi\times5^2=25\pi(\text{cm}^2)$

08 (원뿔의 부피)$=\frac{1}{3}\times25\pi\times6=50\pi(\text{cm}^3)$

09 (밑넓이)$=\frac{1}{2}\times4\times5=10(\text{cm}^2)$

10 삼각뿔의 높이를 h cm라고 하면
$\frac{1}{3}\times10\times h=40$, $h=12$
따라서 삼각뿔의 높이는 12 cm이다.

11 높이가 9 cm인 삼각뿔의 밑넓이를 S cm²라고 하면
부피가 36 cm³이므로
$\frac{1}{3}\times S\times9=36$에서 $S=12$
따라서 삼각뿔의 밑넓이는 12 cm²이다.

12 밑넓이가 12 cm²이므로
$\frac{1}{2}\times a\times4=12$에서 $a=6$

13 밑면의 반지름의 길이가 2 cm인 원뿔의 밑넓이는
$\pi\times2^2=4\pi(\text{cm}^2)$

14 원뿔의 높이를 h cm라고 하면
$\frac{1}{3}\times4\pi\times h=8\pi$에서 $h=6$
따라서 원뿔의 높이는 6 cm이다.

15 $(\text{정사각뿔의 부피}) = \dfrac{1}{3} \times (\text{밑넓이}) \times (\text{높이})$

$\qquad\qquad\qquad = \dfrac{1}{3} \times (10 \times 10) \times 10$

$\qquad\qquad\qquad = \dfrac{1000}{3}(\text{cm}^3)$

16 $(\text{정사각뿔의 부피}) = \dfrac{1}{3} \times (\text{밑넓이}) \times (\text{높이})$

$\qquad\qquad\qquad = \dfrac{1}{3} \times (4 \times 4) \times 4$

$\qquad\qquad\qquad = \dfrac{64}{3}(\text{cm}^3)$

17 $(\text{정사각뿔대의 부피}) = \dfrac{1000}{3} - \dfrac{64}{3}$

$\qquad\qquad\qquad\qquad = 312(\text{cm}^3)$

핵심 반복   본문 82쪽

1 ①   2 ①   3 ③   4 ①

5 ②   6 ⑤

1 $(\text{정사각뿔의 겉넓이}) = (\text{밑넓이}) + (\text{옆넓이})$

$\qquad\qquad\qquad\qquad = (5 \times 5) + 4 \times \left(\dfrac{1}{2} \times 5 \times 7 \right)$

$\qquad\qquad\qquad\qquad = 25 + 70$

$\qquad\qquad\qquad\qquad = 95(\text{cm}^2)$

2 $(\text{원뿔의 겉넓이}) = (\text{밑넓이}) + (\text{옆넓이})$

$\qquad\qquad\qquad\quad = (\pi \times 5^2) + (\pi \times 11 \times 5)$

$\qquad\qquad\qquad\quad = 25\pi + 55\pi$

$\qquad\qquad\qquad\quad = 80\pi(\text{cm}^2)$

3 밑면의 반지름의 길이를 r cm라고 하면

부채꼴의 호의 길이는 밑면인 원의 둘레의 길이와 같으므로

$2\pi \times 6 \times \dfrac{120}{360} = 2\pi r$, $4\pi = 2\pi r$

$\therefore r = 2$

따라서 원뿔의 밑면의 넓이는

$\pi r^2 = \pi \times 2^2 = 4\pi(\text{cm}^2)$

4 $(\text{사각뿔의 부피}) = \dfrac{1}{3} \times (6 \times 4) \times 10$

$\qquad\qquad\qquad = 80(\text{cm}^3)$

---

5 $(\text{원뿔의 부피}) = \dfrac{1}{3} \times (\text{밑넓이}) \times (\text{높이})$

$\qquad\qquad\qquad = \dfrac{1}{3} \times (\pi \times 4^2) \times 9$

$\qquad\qquad\qquad = 48\pi(\text{cm}^3)$

6 밑넓이가 12 cm²인 육각뿔의 높이를 h cm라고 하면

부피가 24 cm³이므로 $\dfrac{1}{3} \times 12 \times h = 24$에서 $h = 6$

따라서 육각뿔의 높이는 6 cm이다.

형성 평가   본문 83쪽

1 ④   2 ⑤   3 ①   4 ②

5 ④   6 32π cm³

1 (직육면체의 부피)

$\quad = 8 \times 6 \times 5$

$\quad = 240(\text{cm}^3)$

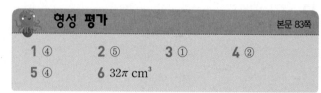

(잘라낸 삼각뿔의 부피)

$\quad = \dfrac{1}{3} \times \dfrac{1}{2} \times (8 - 4) \times (6 - 3) \times (5 - 2)$

$\quad = \dfrac{1}{3} \times \dfrac{1}{2} \times 4 \times 3 \times 3$

$\quad = 6(\text{cm}^3)$

따라서 주어진 입체도형의 부피는

$240 - 6 = 234(\text{cm}^3)$

2 밑면의 반지름의 길이가 3 cm이므로 원뿔의 밑넓이는

$\pi \times 3^2 = 9\pi(\text{cm}^2)$

원뿔의 옆넓이는 $\pi \times 3 \times l = 3\pi l(\text{cm}^2)$

따라서 $(\text{원뿔의 겉넓이}) = (\text{밑넓이}) + (\text{옆넓이})$이므로

$45\pi = 9\pi + 3\pi l$, $3\pi l = 36\pi$에서 $l = 12$ cm

3 주어진 사각형의 넓이는 대각선에 의해 생기는 두 삼각형의 넓이와 같으므로

$\left(\dfrac{1}{2} \times 7 \times 2 \right) + \left(\dfrac{1}{2} \times 7 \times 4 \right) = 7 + 14 = 21(\text{cm}^2)$

밑넓이가 21 cm², 높이가 5 cm인 사각뿔의 부피는

$\dfrac{1}{3} \times 21 \times 5 = 35(\text{cm}^3)$

4 원뿔의 밑면의 반지름의 길이를 r cm라고 하면 원뿔의 옆면인 부채꼴의 호의 길이는 밑면인 원의 둘레와 같으므로

$2\pi \times 12 \times \dfrac{150}{360} = 2\pi \times r$에서 $r = 5$

따라서 밑면의 반지름의 길이는 5 cm이다.

$(\text{원뿔의 겉넓이}) = (\text{밑넓이}) + (\text{옆넓이})$

$\qquad\qquad\qquad\quad = (\pi \times 5^2) + (\pi \times 12 \times 5)$

$\qquad\qquad\qquad\quad = 25\pi + 60\pi$

$\qquad\qquad\qquad\quad = 85\pi(\text{cm}^2)$

5 (원뿔대의 부피)

$= $(큰 원뿔의 부피)$-$(작은 원뿔의 부피)

$=\dfrac{1}{3}\times\pi\times4^2\times6-\dfrac{1}{3}\times\pi\times2^2\times3$

$=32\pi-4\pi$

$=28\pi(\text{cm}^3)$

6 변 AB를 회전축으로 하여 1회전 시킬 때 생기는 회전체는 오른쪽 그림과 같이 밑면의 반지름의 길이가 6 cm이고 높이가 8 cm인 원뿔 이므로

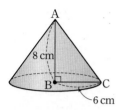

(원뿔의 부피)$=\dfrac{1}{3}\times\pi\times6^2\times8$

$=96\pi(\text{cm}^3)$

변 BC를 회전축으로 하여 1 회전시킬 때 생기는 회전체는 밑면의 반지름의 길이가 8 cm이고 높이가 6 cm인 원 뿔이므로

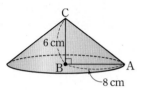

(원뿔의 부피)$=\dfrac{1}{3}\times\pi\times8^2\times6$

$=128\pi(\text{cm}^3)$

따라서 두 회전체의 부피의 차는

$128\pi-96\pi=32\pi(\text{cm}^3)$

본문 84쪽

09 구의 겉넓이와 부피

01 2, 16π　**02** 5, 100π　**03** 144π cm²

04 256π cm²　　**05** 4, $\dfrac{256}{3}\pi$ **06** 3, 36π

07 $\dfrac{500}{3}\pi$ cm³　　　**08** 288π cm³

09 64π, 16, 4　　**10** 144π, 36, 6

11 $\dfrac{4}{3}\pi$, 1, 1　　**12** $\dfrac{32}{3}\pi$, 8, 2

13 3, 3, 27π　　　**14** 3, 18π

15 18π cm³ **16** 36π cm³ **17** 54π cm³ **18** 1 : 2 : 3

03 반지름의 길이가 r인 구의 겉넓이는 $4\pi r^2$이므로
주어진 구의 겉넓이는 $4\pi\times6^2=144\pi(\text{cm}^2)$

04 (구의 겉넓이)$=4\pi\times8^2=256\pi(\text{cm}^2)$

07 반지름의 길이가 r인 구의 부피는 $\dfrac{4}{3}\pi r^3$이므로
주어진 구의 부피는 $\dfrac{4}{3}\pi\times5^3=\dfrac{500}{3}\pi(\text{cm}^3)$

08 (구의 부피)$=\dfrac{4}{3}\pi\times6^3=288\pi(\text{cm}^3)$

15 밑면의 반지름의 길이가 3 cm, 높이가 6 cm인 원뿔의 부피는
$\dfrac{1}{3}\times$(밑넓이)$\times$(높이)$=\dfrac{1}{3}\times\pi\times3^2\times6$
$=18\pi(\text{cm}^3)$

16 반지름의 길이가 3 cm인 구의 부피는
$\dfrac{4}{3}\pi\times3^3=36\pi(\text{cm}^3)$

17 밑면의 반지름의 길이가 3 cm, 높이가 6 cm인 원기둥의 부피는
(밑넓이)$\times$(높이)$=\pi\times3^2\times6$
$=54\pi(\text{cm}^3)$

18 (원뿔의 부피) : (구의 부피) : (원기둥의 부피)
$=18\pi : 36\pi : 54\pi$
$=1 : 2 : 3$

핵심 반복　　　　　　　　　　본문 86쪽

1 ③　　**2** ④　　**3** ⑤　　**4** ③

5 ③　　**6** ②　　**7** $\dfrac{250}{3}\pi$ cm³

1 반지름의 길이가 r인 구의 겉넓이는 $4\pi r^2$이므로
(반지름의 길이가 3 cm인 구의 겉넓이)$=4\pi\times3^2$
$=36\pi(\text{cm}^2)$

2 구의 반지름의 길이를 r cm라고 하면
겉넓이가 324π cm²이므로
$4\pi r^2=324\pi$, $r^2=81$
$r>0$이므로 $r=9$
따라서 구의 반지름의 길이는 9 cm이다.

3 반지름의 길이가 r인 구의 부피는 $\dfrac{4}{3}\pi r^3$이므로
반지름의 길이가 7 cm인 구의 부피는
$\dfrac{4}{3}\pi\times7^3=\dfrac{1372}{3}\pi(\text{cm}^3)$

4 구의 반지름의 길이를 r cm라고 하면
부피가 36π cm³이므로
$\dfrac{4}{3}\pi r^3=36\pi$, $r^3=27$
$\therefore r=3$

따라서 구의 반지름의 길이는 3 cm이다.

5 (반구의 겉넓이)

$$= \frac{1}{2} \times (구의 \; 겉넓이) + (밑면인 \; 원의 \; 넓이)$$

$$= \frac{1}{2} \times (4\pi \times 6^2) + \pi \times 6^2$$

$$= 108\pi \, (\text{cm}^2)$$

6 주어진 입체도형에서

$$(반구의 \; 부피) = \frac{1}{2} \times \frac{4}{3}\pi \times 3^3 = 18\pi \, (\text{cm}^3)$$

$$(원뿔의 \; 부피) = \frac{1}{3} \times (\pi \times 3^2) \times 5 = 15\pi \, (\text{cm}^3)$$

따라서 주어진 입체도형의 부피는

$$18\pi + 15\pi = 33\pi \, (\text{cm}^3)$$

7 $(원기둥 \; 모양의 \; 통의 \; 부피) = \pi \times 5^2 \times 10 = 250\pi \, (\text{cm}^3)$

$$(구의 \; 부피) = \frac{4}{3}\pi \times 5^3 = \frac{500}{3}\pi \, (\text{cm}^3)$$

$\therefore$ (빈 공간의 부피)

$$= (원기둥 \; 모양의 \; 통의 \; 부피) - (구의 \; 부피)$$

$$= 250\pi - \frac{500}{3}\pi$$

$$= \frac{250}{3}\pi \, (\text{cm}^3)$$

🐙 형성 평가   본문 87쪽

1 ④	**2** ③	**3** ③	**4** ①
5 $(78\pi + 60) \, \text{cm}^2$		**6** ⑤	

1 (입체도형의 겉넓이)

$$= (원뿔의 \; 옆넓이) + \frac{1}{2} \times (구의 \; 겉넓이)$$

$$= \pi \times 10 \times 6 + \frac{1}{2} \times (4\pi \times 6^2)$$

$$= 132\pi \, (\text{cm}^2)$$

2 구를 8등분한 조각에서 곡면의 넓이는

$$\frac{1}{8} \times 4\pi \times 3^2 = \frac{9}{2}\pi \, (\text{cm}^2)$$

잘린 단면인 사분원의 넓이는 $\frac{1}{4} \times \pi \times 3^2 = \frac{9}{4}\pi \, (\text{cm}^2)$이고,

이러한 사분원이 3개이므로 주어진 입체도형의 겉넓이는

$$\frac{9}{2}\pi + 3 \times \frac{9}{4}\pi = \frac{45}{4}\pi \, (\text{cm}^2)$$

3 (회전체의 부피)

$$= (반지름의 \; 길이가 \; 6 \, cm인 \; 구의 \; 부피)$$
$$\qquad - (반지름의 \; 길이가 \; 3 \, cm인 \; 구의 \; 부피)$$

$$= \frac{4}{3}\pi \times 6^3 - \frac{4}{3}\pi \times 3^3$$

$$= 252\pi \, (\text{cm}^3)$$

4 구의 반지름의 길이를 r cm라고 하면

구의 겉넓이가 64π cm²이므로

$$4\pi r^2 = 64\pi, \; r^2 = 16$$

$r > 0$이므로 $r = 4$

따라서 반지름의 길이가 4 cm인 구의 부피는

$$\frac{4}{3}\pi \times 4^3 = \frac{256}{3}\pi \, (\text{cm}^3)$$

5 $(안쪽 \; 곡면의 \; 넓이) = 2\pi \times 3 \times \frac{120}{360} \times 10$

$$= 20\pi \, (\text{cm}^2)$$

$$(바깥쪽 \; 곡면의 \; 넓이) = 2\pi \times 6 \times \frac{120}{360} \times 10$$

$$= 40\pi \, (\text{cm}^2)$$

$$(단면인 \; 직사각형 \; 2개의 \; 넓이) = 2 \times (3 \times 10)$$

$$= 60 \, (\text{cm}^2)$$

$$(두 \; 밑면의 \; 넓이) = 2 \times \left(\pi \times 6^2 \times \frac{120}{360} - \pi \times 3^2 \times \frac{120}{360} \right)$$

$$= 18\pi \, (\text{cm}^2)$$

$\therefore$ (입체도형의 겉넓이)

$$= (안쪽 \; 곡면의 \; 넓이) + (바깥쪽 \; 곡면의 \; 넓이)$$
$$\quad + (단면인 \; 직사각형 \; 2개의 \; 넓이) + (두 \; 밑면의 \; 넓이)$$

$$= 20\pi + 40\pi + 60 + 18\pi$$

$$= 78\pi + 60 \, (\text{cm}^2)$$

6 원기둥 모양의 통의 밑면의 반지름의 길이를 r라고 하면

원기둥의 높이는 $6r$이므로

$$(원기둥 \; 모양의 \; 통의 \; 부피) = \pi r^2 \times 6r$$

$$= 6\pi r^3$$

$$(공 \; 1개의 \; 부피) = \frac{4}{3}\pi r^3$$

$\therefore$ (빈 공간의 부피)

$$= (원기둥 \; 모양의 \; 통의 \; 부피) - (공 \; 3개의 \; 부피)$$

$$= (원기둥 \; 모양의 \; 통의 \; 부피) - 3 \times (공 \; 1개의 \; 부피)$$

$$= 6\pi r^3 - 3 \times \left(\frac{4}{3}\pi r^3 \right)$$

$$= 2\pi r^3$$

따라서 빈 공간의 부피와 공 1개의 부피의 비는

$$2\pi r^3 : \frac{4}{3}\pi r^3 = 3 : 2$$

본문 88쪽

1 (1) $4\pi\,\mathrm{cm}^2$ (2) $(20+10\pi)\,\mathrm{cm}^2$ (3) $(20+14\pi)\,\mathrm{cm}^2$

2 (1) $16\,\mathrm{cm}^3$ (2) $\dfrac{80}{3}\,\mathrm{cm}^3$ (3) $\dfrac{128}{3}\,\mathrm{cm}^3$

3 (1) $16\pi\,\mathrm{cm}^3$ (2) $48\pi\,\mathrm{cm}^3$ (3) $64\pi\,\mathrm{cm}^3$

4 (1) $288\pi\,\mathrm{cm}^3$ (2) $36\pi\,\mathrm{cm}^3$ (3) $252\pi\,\mathrm{cm}^3$

1 (1) 두 밑면의 넓이의 합은 반지름의 길이가 $2\,\mathrm{cm}$인 원의 넓이
와 같으므로 $\pi\times2^2=4\pi(\mathrm{cm}^2)$ ······ (가)

(2) (옆넓이)=(직사각형의 넓이)$+\dfrac{1}{2}\times$(원기둥의 옆넓이)

$\qquad =(4\times5)+\dfrac{1}{2}\times(4\pi\times5)$

$\qquad =20+10\pi(\mathrm{cm}^2)$ ······ (나)

(3) (겉넓이)=(밑넓이)$\times2+$(옆넓이)

$\qquad =4\pi+(20+10\pi)$

$\qquad =20+14\pi(\mathrm{cm}^2)$ ······ (다)

채점 기준표

단계	채점 기준	비율
(가)	평행한 두 밑면의 넓이의 합을 구한 경우	30 %
(나)	옆넓이를 구한 경우	50 %
(다)	겉넓이를 구한 경우	20 %

2 (1) 높이가 $3\,\mathrm{cm}$인 사각뿔의 부피는

$\dfrac{1}{3}\times(4\times4)\times3=16(\mathrm{cm}^3)$ ······ (가)

(2) 높이가 $5\,\mathrm{cm}$인 사각뿔의 부피는

$\dfrac{1}{3}\times(4\times4)\times5=\dfrac{80}{3}(\mathrm{cm}^3)$ ······ (나)

(3) 주어진 입체도형의 부피는

$16+\dfrac{80}{3}=\dfrac{128}{3}(\mathrm{cm}^3)$ ······ (다)

채점 기준표

단계	채점 기준	비율
(가)	높이가 $3\,\mathrm{cm}$인 사각뿔의 부피를 구한 경우	40 %
(나)	높이가 $5\,\mathrm{cm}$인 사각뿔의 부피를 구한 경우	40 %
(다)	주어진 입체도형의 부피를 구한 경우	20 %

3 (1) 삼각형 AED를 $\overline{\mathrm{AB}}$를 회전축으로 하여 1회전시킬 때 생
기는 회전체는 밑면의 반지름의 길이가 $4\,\mathrm{cm}$이고, 높이가
$3\,\mathrm{cm}$인 원뿔이므로 그 부피는

$\dfrac{1}{3}\times(\pi\times4^2)\times3=16\pi(\mathrm{cm}^3)$ ······ (가)

(2) 사각형 EBCD를 $\overline{\mathrm{AB}}$를 회전축으로 하여 1회전시킬 때 생
기는 회전체는 밑면의 반지름의 길이가 $4\,\mathrm{cm}$이고, 높이가
$3\,\mathrm{cm}$인 원기둥이므로 그 부피는

$(\pi\times4^2)\times3=48\pi(\mathrm{cm}^3)$ ······ (나)

(3) 사각형 ABCD를 $\overline{\mathrm{AB}}$를 회전축으로 하여 1회전시
킬 때 생기는 회전체의 부피는 위의 (1)과 (2)에서 구한 두 입
체도형의 부피의 합과 같으므로

$16\pi+48\pi=64\pi(\mathrm{cm}^3)$ ······ (다)

채점 기준표

단계	채점 기준	비율
(가)	삼각형 AED를 $\overline{\mathrm{AB}}$를 회전축으로 하여 1 회전시킬 때 생기는 회전체의 부피를 구한 경우	40 %
(나)	사각형 EBCD를 $\overline{\mathrm{AB}}$를 회전축으로 하여 1회전시킬 때 생기는 회전체의 부피를 구한 경우	40 %
(다)	사각형 ABCD를 $\overline{\mathrm{AB}}$를 회전축으로 하여 1회전시킬 때 생기는 회전체의 부피를 구한 경우	20 %

4 (1) 원기둥 모양의 그릇에 가득찬 물의 부피는 밑면의 반지름의
길이가 $6\,\mathrm{cm}$이고, 높이가 $8\,\mathrm{cm}$인 원기둥의 부피와 같으므
로

$(\pi\times6^2)\times8=288\pi(\mathrm{cm}^3)$ ······ (가)

(2) 반지름의 길이가 $3\,\mathrm{cm}$인 구의 부피는

$\dfrac{4}{3}\pi\times3^3=36\pi(\mathrm{cm}^3)$ ······ (나)

(3) (흘러넘치고 남은 부분의 물의 부피)

$=$(원기둥의 부피)$-$(구의 부피)

$=288\pi-36\pi=252\pi(\mathrm{cm}^3)$ ······ (다)

채점 기준표

단계	채점 기준	비율
(가)	원기둥 모양의 그릇에 가득찬 물의 부피를 구한 경우	40 %
(나)	반지름의 길이가 $3\,\mathrm{cm}$인 구의 부피를 구한 경우	40 %
(다)	흘러넘치고 남은 부분의 물의 부피를 구한 경우	20 %

VIII 자료의 정리와 해석

본문 90쪽

01 줄기와 잎 그림

01 풀이 참조	**02** 1	**03** 6명	**04** 풀이 참조
05 18	**06** 10명	**07** 17명	**08** 2
09 10세	**10** 38세	**11** 6명	**12** 6명
13 ○	**14** ×	**15** ×	**16** ○
17 ×	**18** ×	**19** ○	

01

윗몸 일으키기 횟수 (0|5는 5회)

줄기	잎
0	5 5 7 8 8
1	1 1 2 3 6 7
2	0 0 3
3	1 1 7 7
4	2 7

02 줄기 1의 잎이 6개로 가장 많다.

03 윗몸 일으키기 횟수가 30회 이상인 학생은 4+2=6(명)이다.

04

키 (14|2는 142 cm)

줄기	잎
14	2 2 3 7
15	1 1 2 5 7 7
16	0 0 3 3 7
17	0 2
18	1

05 줄기 18의 잎이 1개로 가장 적다.

06 키가 160 cm 미만인 학생은 4+6=10(명)이다.

07 각 줄기에 해당하는 잎의 개수를 모두 더하면
5+6+4+2=17
따라서 기타 강습반 전체 회원은 17명이다.

11 나이가 20세 이상 30세 미만인 회원은 줄기 2인 잎의 개수와
같으므로 6명이다.

12 나이가 34세 이상인 회원은 4+2=6(명)이다.

13 각 줄기에 해당하는 잎의 개수를 모두 더하면
4+5+3+2=14
따라서 민재네 반 전체 남학생은 14명이다.

14 몸무게가 42 kg인 학생이 2명이므로 몸무게가 서로 같은 학
생이 있다.

15 몸무게가 여섯 번째로 가벼운 남학생의 몸무게는 41 kg이다.

16 46 kg보다 몸무게가 무거운 학생은 52 kg, 53 kg, 55 kg,
61 kg, 63 kg의 5명이다.

17 몸무게가 40 kg 이상 50 kg 미만인 남학생은 줄기 4인 잎의
개수와 같으므로 5명이다.

18 잎이 가장 많은 줄기는 잎의 개수가 5인 4이다.

19 몸무게가 가장 무거운 학생의 몸무게는 63 kg, 몸무게가 가장
가벼운 학생의 몸무게는 33 kg이므로 몸무게의 차는 30 kg이
다.

본문 92쪽

02 도수분포표

01 가장 작은 변량 : 5건, 가장 큰 변량 : 33건			
02 30건 이상 35건 미만		**03** 풀이 참조	
04 가장 작은 변량 : 155 cm, 가장 큰 변량 : 182 cm			
05 6개	**06** 풀이 참조	**07** 2초	**08** 5
09 6	**10** 17초 이상 19초 미만		
11 15초 이상 17초 미만		**12** 21초 이상 23초 미만	
13 23	**14** 5 g	**15** 6	**16** 5
17 50 g 이상 55 g 미만		**18** 40 g 이상 45 g 미만	
19 35 g 이상 40 g 미만		**20** 16	

01 주어진 자료에서 변량을 크기가 작은 것부터 차례로 나열하면
다음과 같다.

5	7	9	10	13	16	16	18	19	20
22	24	25	26	27	28	29	29	31	33

따라서 가장 작은 변량은 5건, 가장 큰 변량은 33건이다.

02 가장 작은 변량이 속하는 계급이 5건 이상 10건 미만이므로
계급의 크기는 5건이다. 또 가장 큰 변량이 33건이므로 계급
은 다음과 같다.
5건 이상 10건 미만, 10건 이상 15건 미만,
15건 이상 20건 미만, 20건 이상 25건 미만,
25건 이상 30건 미만, 30건 이상 35건 미만
따라서 가장 큰 변량이 속하는 계급은 30건 이상 35건 미만이다.

03

문자 메시지의 수(건)	학생 수(명)
5^{이상} ~ 10^{미만}	3
10 ~ 15	2
15 ~ 20	4
20 ~ 25	3
25 ~ 30	6
30 ~ 35	2
합계	20

04 주어진 자료에서 변량을 크기가 작은 것부터 차례로 나열하면 다음과 같다.

155	157	157	157	158	160	160
160	162	162	163	163	163	167
168	172	177	181	181	181	182

따라서 가장 작은 변량은 155 cm, 가장 큰 변량은 182 cm이다.

05 가장 작은 변량이 속하는 계급이 155 cm 이상 160 cm 미만이므로 계급의 크기는 5 cm이다.
또, 가장 큰 변량이 182 cm이므로 계급은 다음과 같다.
155 cm 이상 160 cm 미만, 160 cm 이상 165 cm 미만, 165 cm 이상 170 cm 미만, 170 cm 이상 175 cm 미만, 175 cm 이상 180 cm 미만, 180 cm 이상 185 cm미만
따라서 계급은 모두 6개가 된다.

06

키(cm)	학생 수(명)
155^{이상} ~ 160^{미만}	5
160 ~ 165	8
165 ~ 170	2
170 ~ 175	1
175 ~ 180	1
180 ~ 185	4
합계	21

07 계급의 크기는
$15-13=17-15=19-17=21-19=23-21=2$(초)

08 계급은 13초 이상 15초 미만, 15초 이상 17초 미만, 17초 이상 19초 미만, 19초 이상 21초 미만, 21초 이상 23초 미만으로 5개이다.

09 $A=30-(1+11+9+3)=6$

10 주어진 도수분포표에서 가장 큰 도수는 11명이므로 도수가 가장 큰 계급은 17초 이상 19초 미만이다.

11 100 m 달리기 기록이 13초 이상 15초 미만인 학생이 1명, 15초 이상 17초 미만인 학생이 6명이므로 100 m 달리기 기록이

세 번째로 빠른 학생이 속한 계급은 15초 이상 17초 미만이다.

13 100 m 달리기 기록이 17초 이상 19초 미만인 학생이 11명, 19초 이상 21초 미만인 학생이 9명, 21초 이상 23초 미만인 학생이 3명이므로 100 m 달리기 기록이 17초 이상인 학생의 수는
$11+9+3=23$

14 계급의 크기는
$40-35=45-40=\cdots=65-60=5$(g)

15 계급은 35 g 이상 40 g 미만, 40 g 이상 45 g 미만, 45 g 이상 50 g 미만, 50 g 이상 55 g 미만, 55 g 이상 60 g 미만, 60 g 이상 65 g 미만으로 6개이다.

16 $A=24-(2+4+3+7+3)=5$

17 주어진 도수분포표에서 가장 큰 도수는 7개이므로 도수가 가장 큰 계급은 50 g 이상 55 g 미만이다.

18 무게가 35 g 이상 40 g 미만인 고구마가 2개, 40 g 이상 45 g 미만인 고구마가 4개이므로 무게가 네 번째로 가벼운 고구마가 속한 계급은 40 g 이상 45 g 미만이다.

20 무게가 35 g 이상 40 g 미만인 고구마가 2개,
40 g 이상 45 g 미만인 고구마가 4개,
45 g 이상 50 g 미만인 고구마가 3개,
50 g 이상 55 g 미만인 고구마가 7개이므로
무게가 55 g 미만인 고구마는 $2+4+3+7=16$(개)이다.

다른 풀이
무게가 55 g 이상 60 g 미만인 고구마가 5개,
60 g 이상 65 g 미만인 고구마가 3개이므로
무게가 55 g 이상인 고구마는 $5+3=8$(개)이다.
∴ (무게가 55 g 미만인 고구마의 수)
= (전체 고구마의 수) - (무게가 55 g 이상인 고구마의 수)
= $24-8=16$

핵심 반복 본문 94쪽

1 ③	**2** ⑤	**3** ①	**4** ④
5 ①	**6** ③	**7** 6개 이상 8개 미만	
8 ①			

1 각 줄기에 해당하는 잎의 개수를 모두 더하면
$3+4+5+4+2=18$(명)

2 줄기 9가 잎이 2개로 가장 적다.

3 영선이보다 수학 성적이 좋은 학생은 89점, 90점, 91점의 3명이다.

5 $A=40-(9+12+5+4)=10$

6 도수가 가장 큰 계급은 2개 이상 4개 미만이고 도수는 12명이다. 도수가 가장 작은 계급은 8개 이상 10개 미만이고 도수는 4명이다. 따라서 그 차는
$12-4=8$

7 필기구의 수가 8개 이상 10개 미만인 계급의 학생이 4명, 6개 이상 8개 미만인 계급의 학생이 5명이므로 필기구의 수가 다섯 번째로 많은 학생이 속하는 계급은 6개 이상 8개 미만이다.

8 필기구의 수가 4개 이상 6개 미만인 학생이 10명, 6개 이상 8개 미만인 학생이 5명, 8개 이상 10개 미만인 학생이 4명이므로 필기구의 수가 4개 이상인 학생은
$10+5+4=19$(명)

형성 평가

본문 95쪽

1 ③	**2** ④	**3** ④	**4** 6
5 ③	**6** $A=11$, $B=40$		

1 ① 1학년 1반 전체 학생은
$3+4+6+5+2=20$(명)
② 잎이 6개로 가장 많은 줄기는 3이다.
③ 친구의 수가 30명 미만인 학생은
$3+4=7$(명)
④ 친구의 수가 40명 이상인 학생은
$5+2=7$(명)
⑤ 친구의 수가 많은 순서대로 자료를 나열하면
58, 55, 46, 46, 45, …이므로 친구의 수가 세 번째로 많은 학생의 친구의 수는 46이다.
이상에서 옳지 않은 것은 ③이다.

2 전체 학생은 20명이고, 친구의 수가 45명 이상인 학생은 5명이므로 전체의 $\dfrac{5}{20}\times100=25(\%)$이다.

3 줄기 3의 잎의 개수가 6이므로 30명 이상 40명 미만인 계급의 도수는 6명이다.
$\therefore A=6$

4 $A=2B$이므로
$5+12+A+4+B=30$, $5+12+2B+4+B=30$
$3B+21=30$, $3B=9$에서 $B=3$
따라서 $A=2\times3=6$

5 주어진 도수분포표에서
① 가장 작은 도수는 3일이므로 도수가 가장 작은 계급은 30개 이상 36개 미만이다.
② 가장 큰 도수는 12일이므로 도수가 가장 큰 계급은 12개 이상 18개 미만이다.
③ 판매된 음료수의 수가 18개 미만인 날 수는
$5+12=17$이다.
④ 음료수가 여섯 번째로 많이 팔린 날이 속하는 계급은 24개 이상 30개 미만이므로 구하는 계급의 도수는 4일이다.
⑤ 도수가 가장 큰 계급과 도수가 가장 작은 계급의 도수의 차는 $12-3=9$이다.
이상에서 옳은 것은 ③이다.

6 전체 학생의 수가 B이므로
$5+A+15+7+2=B$에서
$A=B-29$ ⋯⋯ ㉠
시청 시간이 4시간 미만인 학생의 수는 $5+A$이므로
$5+A=\dfrac{40}{100}\times B$에서
$5+A=\dfrac{2}{5}B$ ⋯⋯ ㉡
㉠을 ㉡에 대입하면
$5+(B-29)=\dfrac{2}{5}B$, $\dfrac{3}{5}B=24$에서 $B=40$
이를 ㉠에 대입하면 $A=40-29=11$

---

03 히스토그램

본문 96쪽

01 풀이 참조	**02** 풀이 참조	**03** 30	**04** 30분
05 120분 이상 150분 미만	**06** 180분 이상 210분 미만		
07 13	**08** 22	**09** 30	**10** 10회
11 15회 이상 25회 미만	**12** 25회 이상 35회 미만		
13 14	**14** 300		

01
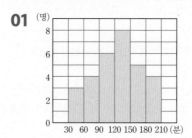

02
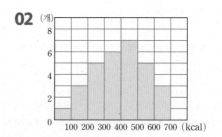

---

03 (전체 학생의 수)=3+5+6+8+5+2+1=30

04 계급의 크기는
60-30=90-60=…=240-210=30(분)

05 히스토그램에서 직사각형의 세로의 길이가 가장 큰 계급의 도수가 가장 크다. 직사각형의 세로의 길이가 8로 가장 큰 계급은 120분 이상 150분 미만이다.

06 통화 시간이 210분 이상 240분 미만인 학생이 1명, 180분 이상 210분 미만인 학생이 2명이므로 통화 시간이 세 번째로 긴 학생이 속하는 계급은 180분 이상 210분 미만이다.

07 통화 시간이 120분 이상 150분 미만인 학이 8명, 150분 이상 180분 미만인 학생이 5명이므로 통화 시간이 120분 이상 180분 미만인 학생의 수는
8+5=13

08 통화 시간이 30분 이상 60분 미만인 학생이 3명, 60분 이상 90분 미만인 학생이 5명, 90분 이상 120분 미만인 학생이 6명, 120분 이상 150분 미만인 학생이 8명이므로 통화 시간이 150분 미만인 학생의 수는
3+5+6+8=22

09 (전체 학생의 수)=4+6+8+7+5=30

10 계급의 크기는
25-15=35-25=…=65-55=10(회)

11 히스토그램에서 직사각형의 세로의 길이가 가장 작은 계급의 도수가 가장 작다. 직사각형의 세로의 길이가 4로 가장 작은 계급은 15회 이상 25회 미만이다.

12 줄넘기 횟수가 15회 이상 25회 미만인 학생이 4명, 25회 이상 35회 미만인 학생이 6명이므로 줄넘기 횟수가 다섯 번째로 적은 학생이 속하는 계급은 25회 이상 35회 미만이다.

13 줄넘기 횟수가 25회 이상 35회 미만인 학생이 6명, 35회 이상 45회 미만인 학생이 8명이므로 줄넘기 횟수가 25회 이상 45회 미만인 학생의 수는
6+8=14

14 (히스토그램의 각 직사각형의 넓이의 합)
=(계급의 크기)×(전체 도수)
=10×30
=300

04 도수분포다각형

01 풀이 참조	**02** 30명	**03** 120분 이상 150분 미만	
04 7명	**05** 풀이 참조	**06** 9명	**07** ×
08 ○	**09** ○	**10** ×	**11** ×
12 40	**13** 18	**14** 16곡 이상 20곡 미만	
15 5	**16** 160		

01

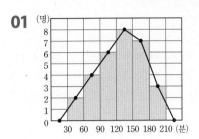

02 각 계급의 도수를 모두 더하면 전체 학생은
2+4+6+8+7+3=30(명)

05

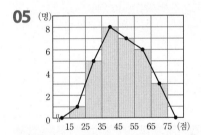

06 자유투 점수가 55점 이상 65점 미만인 선수는 6명, 65점 이상 75점 미만인 선수는 3명이므로 자유투 점수가 55점 이상인 선수는 6+3=9(명)이다.

07 윤지네 반 전체 학생은
1+3+4+2+8+7+5=30(명)

08 컴퓨터실 이용 시간이 90분 이상 120분 미만인 학생이 4명, 120분 이상 150분 미만인 학생이 2명이므로 컴퓨터실을 이용한 시간이 90분 이상 150분 미만인 학생은
4+2=6(명)

09 컴퓨터실 이용 시간이 180분 이상 210분 미만인 학생이 7명, 210분 이상 240분 미만인 학생이 5명이므로 컴퓨터실을 이용한 시간이 3시간, 즉 180분 이상인 학생은
7+5=12(명)

10 주어진 도수분포다각형에서 가장 작은 도수는 1명이므로 도수가 가장 작은 계급은 30분 이상 60분 미만이다.

11 컴퓨터실 이용 시간이 150분 이상 180분 미만인 계급의 도수가 8명으로 가장 크고, 30분 이상 60분 미만인 계급의 도수가 1명으로 가장 작으므로 두 계급의 도수의 차는
$8-1=7$

12 (전체 학생의 수)$=5+9+8+10+8=40$

13 알고 있는 구전 동요의 수가 16곡 이상 20곡 미만인 학생이 10명, 20곡 이상 24곡 미만인 학생이 8명이므로 알고 있는 구전 동요의 수가 16곡 이상인 학생은
$10+8=18$(명)

14 도수분포다각형에서 가장 높이 있는 꼭짓점의 세로축의 값이 가장 큰 도수이므로 가장 큰 도수는 10명이다.
따라서 도수가 가장 큰 계급은 16곡 이상 20곡 미만이다.

15 알고 있는 구전 동요의 수가 16곡 이상 20곡 미만인 계급의 도수가 10명으로 가장 크고, 4곡 이상 8곡 미만인 계급의 도수가 5명으로 가장 작으므로 두 계급의 도수의 차는 $10-5=5$ 이다.

16 계급의 크기는 4곡이고, 전체 도수는 40명이므로
(도수분포다각형과 가로축으로 둘러싸인 부분의 넓이)
$=$(계급의 크기)$\times$(전체 도수)
$=4\times40$
$=160$

핵심 반복
본문 100쪽

1 ③   **2** ③   **3** ①   **4** ③
5 ⑤   **6** ②   **7** ②

1 (전체 학생의 수)$=3+6+8+5+2=24$

2 히스토그램에서 직사각형의 세로의 길이가 가장 큰 계급의 도수가 가장 크다. 직사각형의 세로의 길이가 8로 가장 큰 계급은 100 % 이상 110 % 미만이다.

3 비만인 학생이 속하는 계급은 120 % 이상 130 % 미만이므로 비만인 학생은 2명이고,
수척인 학생이 속하는 계급은 80 % 이상 90 % 미만이므로 수척인 학생은 3명이다.
따라서 비만인 학생의 수와 수척인 학생의 수의 차는
$3-2=1$

4 비만도가 120 % 이상 130 % 미만인 학생이 2명, 110 % 이상 120 % 미만인 학생이 5명이므로 이 학급에서 비만도가 4번째로 높은 학생이 속하는 계급은 110 % 이상 120 % 미만이다.

따라서 비만도가 네 번째로 높은 학생이 속하는 계급의 도수는 5명이다.

5 가장 많은 학생이 속한 계급은 15권 이상 20권 미만으로 도수는 10명이다.
$\therefore a=10$
가장 적은 학생이 속한 계급은 25권 이상 30권 미만으로 도수는 6명이다.
$\therefore b=6$
$\therefore a+b=10+6=16$

6 대여한 책의 수가 5권 이상 10권 미만인 학생이 7명, 10권 이상 15권 미만인 학생이 9명이므로 학교 도서관에서 책을 10번째로 적게 대여한 학생이 속하는 계급은 10권 이상 15권 미만이다.

7 전체 학생은 $7+9+10+8+6=40$(명)이고,
대여한 책이 15권 미만인 학생은 $7+9=16$(명)이므로
대여한 책이 15권 미만인 학생은 전체의
$\dfrac{16}{40}\times100=40(\%)$

형성 평가
본문 101쪽

1 ④   **2** ①   **3** ③   **4** ⑤
5 ②   **6** 250

1 ① 전체 학생은 $2+3+6+8+6+4+1=30$(명)이다.
② 팔굽혀펴기가 18회 미만인 학생은 $2+3+6=11$(명)이다.
③ 가장 큰 도수는 8명이므로 도수가 가장 큰 계급은 18회 이상 24회 미만이다.
④ 팔굽혀펴기 횟수가 36회 이상 42회 미만인 학생이 1명, 30회 이상 36회 미만인 학생이 4명이므로 팔굽혀펴기를 세 번째로 많이 한 학생이 속하는 계급은 30회 이상 36회 미만이고, 이 계급의 도수는 4명이다.
⑤ 팔굽혀펴기를 가장 적게 한 학생이 속하는 계급은 0회 이상 6회 미만이고, 이 계급의 도수는 2명이다.
이상에서 옳지 않은 것은 ④이다.

2 전체 학생은 30명이고, 팔굽혀펴기 횟수가 6회 이상 18회 미만인 학생은 $3+6=9$(명)이므로
팔굽혀펴기 횟수가 6회 이상 18회 미만인 학생은 전체의
$\dfrac{9}{30}\times100=30(\%)$이다.

3 계급의 크기는 6회, 전체 도수는 30이므로
(히스토그램의 각 직사각형의 넓이의 합)
$=$(계급의 크기)$\times$(전체 도수)
$=6\times30$
$=180$

36 EBS 한 장 수학 1 (하)

4 ① 전체 회원은 $3+7+10+8+4=32$(명)이다.

② 몸무게가 60 kg 이상인 회원은 $8+4=12$(명)이다.

③ 몸무게가 40 kg인 회원이 속한 계급은 40 kg 이상 50 kg 미만이고 이 계급의 도수는 7명이다.

④ 몸무게가 72 kg인 회원이 속한 계급은 70 kg 이상 80 kg 미만이고, 이 계급의 도수는 4명이므로 전체의 $\frac{4}{32}\times100=12.5(\%)$이다.

⑤ 50 kg 이상 60 kg 미만인 계급의 도수가 10명으로 가장 크고, 30 kg 이상 40 kg 미만인 계급의 도수가 3명으로 가장 작으므로 도수가 가장 큰 계급과 도수가 가장 작은 계급의 도수의 차는 $10-3=7$이다.

이상에서 옳은 것은 ⑤이다.

5 몸무게가 70 kg 이상 80 kg 미만인 회원이 4명, 60 kg 이상 70 kg 미만인 회원이 8명이므로

몸무게가 다섯 번째로 많이 나가는 회원이 속한 계급은 60 kg 이상 70 kg 미만이다.

따라서 몸무게가 다섯 번째로 많이 나가는 회원이 속한 계급의 회원 수는 전체 회원 수의 $\frac{8}{32}\times100=25(\%)$이다.

6 전체 학생을 x명이라고 하면

키가 160 cm 미만인 학생이 $3+8=11$(명)이므로

$\frac{11}{x}\times100=44$, $44x=1100$에서 $x=25$

따라서 전체 학생은 25명이다.

한편, 계급의 크기는 10 cm이므로

(도수분포다각형과 가로축으로 둘러싸인 부분의 넓이)

$=$(계급의 크기)$\times$(전체 도수)

$=10\times25=250$

---

05 상대도수

01 4, 4, 0.16   **02** 5, 5, 0.2   **03** 9, 9, 0.36

04 7, 7, 0.28   **05** 풀이 참조   **06** 풀이 참조

07 풀이 참조   **08** 0.1, 10   **09** 20, 0.3, 6

10 0.25   **11** 1   **12** 풀이 참조

05

높이(cm)	도수(그루)	상대도수
45$^{이상}\sim$ 50^{미만}	4	0.16
50 $\sim$ 55	5	0.2
55 $\sim$ 60	9	0.36
60 $\sim$ 65	7	0.28
합계	25	1

---

06 각 계급의 상대도수를 차례로 구하면

$\frac{8}{50}=0.16$, $\frac{14}{50}=0.28$, $\frac{12}{50}=0.24$, $\frac{10}{50}=0.2$, $\frac{6}{50}=0.12$

또, 상대도수의 총합은 항상 1이다.

이용 시간(시간)	도수(명)	상대도수
2$^{이상}\sim$ 3^{미만}	8	0.16
3 $\sim$ 4	14	0.28
4 $\sim$ 5	12	0.24
5 $\sim$ 6	10	0.2
6 $\sim$ 7	6	0.12
합계	50	1

07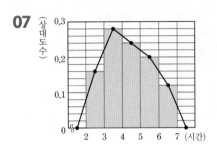

08 나이가 40세 이상 50세 미만인 회원의 상대도수는 0.1이고, (상대도수)$\times100=$(백분율)이므로

나이가 40세 이상 50세 미만인 회원은 전체의 $0.1\times100=10(\%)$이다.

10 $B=\frac{5}{20}=\frac{25}{100}=0.25$

11 $C=0.05+0.1+0.2+0.3+0.25+0.1=1$

즉, 상대도수의 총합은 항상 1이다.

12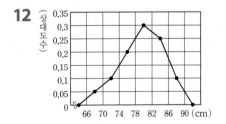

---

06 두 자료의 비교

01 0.3   **02** 0.1   **03** 0.2

04 미술 동호회   **05** 풀이 참조 **06** 0.35

07 0.2   **08** 남학생   **09** 여학생   **10** 풀이 참조

11 ○   **12** ×   **13** ○   **14** ○

15 ×

01 $A = \dfrac{12}{40} = \dfrac{3}{10} = 0.3$

02 $B = \dfrac{4}{40} = \dfrac{1}{10} = 0.1$

03 $C = \dfrac{10}{50} = \dfrac{2}{10} = 0.2$

04 연습 시간이 3시간 이상 4시간 미만인 회원의 상대도수는 미술 동호회가 0.25, 음악 동호회가 0.2이므로
미술 동호회의 비율이 더 크다.

05
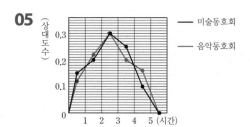

06 $A = \dfrac{35}{100} = 0.35$

07 $B = \dfrac{16}{80} = \dfrac{2}{10} = 0.2$

08 하루 평균 스마트폰 사용 시간이 4시간 이상 5시간 미만인 회원은 남학생이 14명, 여학생이 12명이므로 남학생의 수가 더 많다.

09 하루 평균 스마트폰 사용 시간이 4시간 이상 5시간 미만인 회원의 상대도수는 남학생이 0.14, 여학생이 0.15이므로 여학생의 비율이 더 높다.

10
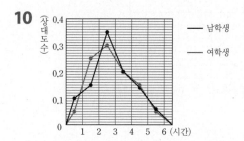

11 배의 무게가 400 g 이상 500 g 미만인 계급의 상대도수는 A 마트가 0.2, B 마트가 0.25이므로 B 마트가 A 마트보다 더 크다.

12 배의 무게가 500 g 이상 600 g 미만인 계급의 상대도수는 A 마트가 0.3, B 마트가 0.3이므로 비율이 같다.

13 B 마트에서 배의 무게가 700 g 이상 800 g 미만인 계급의 상대도수는 0.1이므로 무게가 700 g 이상 800 g 미만인 배의 수

는 B 마트에서 판매하는 전체 배의 수의
$0.1 \times 100 = 10(\%)$이다.

14 A 마트에서 무게가 500 g 이상 600 g 미만인 배의 상대도수는 0.3이다. A 마트의 배가 200개일 때, A 마트에서 판매하는 배 중 무게가 500 g 이상 600 g 미만인 배는
$0.3 \times 200 = 60(개)$이다.

15 배의 무게가 600 g 이상인 계급의 상대도수는
A 마트가 $0.25 + 0.15 = 0.4$, B 마트가 $0.2 + 0.1 = 0.3$
이므로 무게가 600 g 이상인 배가 상대적으로 더 많은 마트는
A 마트이다.

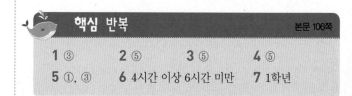

핵심 반복   본문 106쪽

1 ③	**2** ⑤	**3** ⑤	**4** ⑤
5 ①, ③	**6** 4시간 이상 6시간 미만		**7** 1학년

1 $A = 1 - (0.05 + 0.25 + 0.35 + 0.15)$
$ = 0.2$

2 영어 성적이 70점 미만인 계급들의 상대도수의 합은
$0.05 + 0.25 = 0.3$

3 영어 성적이 80점 이상인 계급의 상대도수는
$0.2 + 0.15 = 0.35$
이므로 영어 성적이 80점 이상인 학생은 전체의
$0.35 \times 100 = 35(\%)$

4 70점 이상 80점 미만인 계급의 상대도수가 0.35이므로 70점 이상 80점 미만인 학생은 $0.35 \times 20 = 7(명)$이다.

5 주어진 그림에서 2학년의 도수분포다각형의 점이 1학년의 도수분포다각형의 점보다 위에 있는 점이 나타내는 계급은 2시간 이상 4시간 미만, 6시간 이상 8시간 미만이다.

6 인터넷 이용 시간의 비율이 서로 같은 계급은 점이 겹쳐지는 계급인 4시간 이상 6시간 미만이다.

7 인터넷 이용 시간이 10시간 이상인 계급의 상대도수를 각각 구하면
1학년 : $0.2 + 0.14 = 0.34$
2학년 : $0.16 + 0.12 = 0.28$
1학년의 상대도수가 더 크므로 인터넷 이용 시간이 10시간 이상인 학생은 1학년이 상대적으로 더 많다고 할 수 있다.

1 ①	**2** ②	**3** ④	**4** ④
5 38	**6** 4명		

1 ① 예금액이 15만 원 미만인 계급의 상대도수는
0.14+0.16=0.3이므로 예금액이 15만 원 미만인 학생은
전체의 0.3×100=30(%)이다.
② 도수가 가장 큰 계급은 상대도수가 가장 큰 계급과 같으므
로 15만 원 이상 20만 원 미만이다.
③ 지호의 예금액이 17만 원일 때, 지호가 속한 계급은 15만 원
이상 20만 원 미만이고, 이 계급의 상대도수는 0.24이다.
④ 예금액이 20만 원 미만인 학생의 상대도수는
0.14+0.16+0.24=0.54,
예금액이 20만 원 이상인 학생의 상대도수는
0.2+0.12+0.14=0.46
이므로 예금액이 20만 원 미만인 학생이 20만 원 이상인 학
생보다 많다.
⑤ 예금액이 5만 원 이상 10만 원 미만인 계급과 30만 원 이상
35만 원 미만인 계급은 상대도수가 0.14로 같으므로 도수
도 같다.
이상에서 옳지 않은 것은 ①이다.

2 1년 동안 30만 원 이상 예금한 학생의 상대도수는
0.14이므로 전체 학생 수가 100명일 때
1년 동안 30만 원 이상 예금한 학생은
0.14×100=14(명)

3 전체 학생 수를 x라고 하면
(어떤 계급의 도수)=(전체 도수)×(그 계급의 상대도수)
이므로 2=x×0.04에서 x=50
따라서 전체 학생은 50명이다.

4 ① 통학 시간이 50분 이상인 계급의 상대도수는
A 중학교가 0.1+0.06+0.02=0.18,
B 중학교가 0.2+0.1+0.04=0.34
이므로 통학 시간이 50분 이상인 학생의 비율은 B 중학교
가 A 중학교보다 높다.
② 통학 시간이 30분 미만인 계급의 상대도수는
A 중학교가 0.06+0.1+0.18=0.34
B 중학교가 0.04+0.08+0.12=0.24
이므로 통학 시간이 30분 미만인 학생의 비율은 A 중학교
가 B 중학교보다 높다.
③ A 중학교에서 도수가 두 번째로 큰 계급은 상대도수가 0.2
인 40분 이상 50분 미만이고, B 중학교에서 도수가 가장
큰 계급은 상대도수가 0.26인 40분 이상 50분 미만이다.
따라서 B 중학교에서 도수가 가장 큰 계급은 A 중학교에
서 도수가 두 번째로 큰 계급과 같다.

④ 통학 시간이 50분 이상 60분 미만인 계급의 상대도수는 A
중학교가 0.1, B 중학교가 0.2이므로 B 중학교가 A 중학
교의 2배이다. 그러나 상대도수가 2배라고 해도 전체 도수
가 다르면 도수가 똑같이 2배가 되지는 않는다.
⑤ B 중학교의 상대도수의 분포가 A 중학교의 상대도수의 분
포보다 더 오른쪽으로 치우쳐 있으므로 B 중학교 학생의
통학 시간이 A 중학교 학생의 통학 시간보다 상대적으로
더 길다.
이상에서 옳지 않은 것은 ④이다.

5 통학 시간이 40분 이상 50분 미만인 계급의 상대도수는 A 중
학교가 0.2, B 중학교가 0.26이다.
A 중학교 학생이 200명, B 중학교 학생이 300명이므로
통학 시간이 40분 이상 50분 미만인 학생은
A 중학교가 0.2×200=40(명),
B 중학교가 0.26×300=78(명)이다.
따라서 통학 시간이 40분 이상 50분 미만인 두 중학교의 학생
수의 차는
78−40=38

6 세로축의 한 눈금의 크기를 a라고 하면
상대도수의 총합은 1이므로
4a+5a+6a+3a+2a=1
20a=1　∴ a=0.05
읽은 책의 수가 10권 이상인 계급의 상대도수는
2a=2×0.05=0.1
따라서 이 계급의 학생은
40×0.1=4(명)

1 (1) 7명 (2) 4 (3) 7	**2** (1) 15개 (2) 10개
3 (1) 50명 (2) 32 %	
4 (1) A=5, B=2, C=0.08 (2) 20 %	

1 (1) 등록된 사람의 수가 50명 이상인 학생을 x명이라고 하면 전
체 학생은 25명이고, 등록된 사람의 수가 50명 이상인 학
생이 전체의 28 % 이므로

$\dfrac{x}{25}$×100=28, 4x=28에서 x=7

따라서 등록된 사람의 수가 50명 이상인 학생은 7명이다.
　　　　　　　　　　　　　　　　…… (가)

(2) 등록된 사람의 수가 50명 이상인 학생은 7명이므로
A+3=7에서 A=4　　　　　…… (나)

(3) 2+4+5+B+4+3=25이므로 18+B=25
∴ B=7　　　　　　　　　　…… (다)

2 (1) 무게가 300 g 이상 400 g 미만인 배는

$40-(6+8+11)=15$(개) ······ (가)

(2) 무게가 350 g 이상 400 g 미만인 배를 a개라고 하면 300 g 이상 350 g 미만인 배는 $2a$개이다.

무게가 300 g 이상 400 g 미만인 배가 15개이므로

$2a+a=15$, $3a=15$ ······ (나)

$\therefore a=5$

따라서 무게가 300 g 이상 350 g 미만인 배는

$5\times2=10$(개) ······ (다)

3 (1) 봉사 단체의 전체 회원은 $6+16+14+10+4=50$(명)이다. ······ (가)

(2) 인원 수가 가장 많은 계급은 20세 이상 30세 미만이고, 도수는 16명이다. ······ (나)

따라서 인원 수가 가장 많은 계급의 회원 수는 전체의

$\dfrac{16}{50}\times100=32(\%)$ ······ (다)

4 (1) 민서네 반의 전체 학생을 x명이라고 하면

도수가 3명일 때 상대도수가 0.12이므로

$0.12\times x=3$에서 $x=25$

따라서 민서네 반의 전체 학생은 25명이다. ······ (가)

$A=0.2\times25=5$

$B=25-(3+5+8+4+3)=2$

$C=\dfrac{2}{25}=0.08$ ······ (나)

(2) 기다린 시간이 40분 이상인 계급의 상대도수가

$0.12+0.08=0.2$이므로 ······ (다)

기다린 시간이 40분 이상인 학생은 전체의

$0.2\times100=20(\%)$이다. ······ (라)

하루 한 장으로
규칙적인 수학 습관을 기르자!

한 장 수학

중학 수학 1(하)

정답과 풀이

예비 고등학생을 위한 기본 수학 개념서

50일 수학 상 하

|2책|

- 중학 수학과 고교 1학년 수학 총정리

- 수학의 영역별 핵심 개념을 완벽 정리

- 주제별 개념 정리로 모르는 개념과 공식만 집중 연습

"고등학교 수학, 더 이상의 걱정은 없다!"

사뿐

중학 사회
중학 역사

사회를 한 권으로
가뿐하게!

중학 사회

①-1 ②-1 ①-2 ②-2

중학 역사

①-1 ②-1 ①-2 ②-2